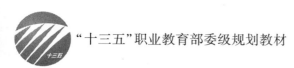

"十三五"职业教育部委级规划教材

"十三五"江苏省高等学校重点教材

纺织品服用性能检测

洪 杰 主 编
莫靖昱　陈桂香　副主编

中国纺织出版社有限公司

内 容 提 要

本书内容分为纺织品检测基本知识、织物物理性能检测、织物保形性能检测、纺织品色牢度检测、织物舒适性能检测及纺织品功能性检测六部分。

本书主要适合高职高专纺织、服装类专业所开设相关检测课程的学生使用,也可作为从事纺织品检测相关工作人员的参考用书。

图书在版编目(CIP)数据

纺织品服用性能检测/洪杰主编 . --北京:中国纺织出版社有限公司,2019. 10(2023. 1重印)

"十三五"职业教育部委级规划教材 "十三五"江苏省高等学校重点教材

ISBN 978-7-5180-6423-6

Ⅰ. ①纺… Ⅱ. ①洪… Ⅲ. ①纺织品—性能检测—高等职业教育—教材 Ⅳ. ①TS107

中国版本图书馆 CIP 数据核字(2019)第 148756 号

策划编辑:范雨昕　　责任编辑:陈怡晓
责任校对:楼旭红　　责任印制:何　建

中国纺织出版社有限公司出版发行
地址:北京市朝阳区百子湾东里 A407 号楼　邮政编码:100124
销售电话:010—67004422　传真:010—87155801
http://www.c-textilep.com
中国纺织出版社天猫旗舰店
官方微博 http://weibo.com/2119887771
三河市宏盛印务有限公司印刷　各地新华书店经销
2019 年 10 月第 1 版　　2023 年 1 月第 2 次印刷
开本:787×1092　1/16　印张:9.5
字数:208 千字　定价:68.00 元

目前，市场上配套适用于高职高专纺织、服装类专业学生学习纺织品检测类课程的教材较为稀缺。与此同时，近十年在课程教学中所选用的相关高职高专纺织品检测教材等经实践证明，已不能很好地满足当前学习者使用和教育教学改革的需要。此外，伴随着纺织检测技术的发展和标准的更新，已有相关书籍的内容也逐渐不能满足学生学习和检测实际所需。

本书作为江苏工程职业技术学院江苏高校品牌专业"现代纺织技术"建设成果之一，是"十三五"江苏省高等学校重点教材（编号2018-2-127）。全书在内容设置上共分为六部分，分别为学习情境1 纺织品检测基本知识、学习情境2 织物物理性能检测、学习情境3 织物保形性能检测、学习情境4 纺织品色牢度检测、学习情境5 织物舒适性能检测、学习情境6 纺织品功能性检测，并紧密结合纺织品检测一线工作实际，以会操作、能检测、给反馈、出报告为目标进行内容的组织编写。本书还充分运用信息化技术，与同名在线课程相互配合，实现"文字+数字"资源组合，特别是借助数字化资源可以实时更新的特点，打破了文字教材内容受时间影响而逐渐与检测实际脱节的弊端，确保教材内容常新，助力实现有效的课堂教学。

在组织编写本教材过程中，编者做了以下工作：一是通过对相关院校的调研在内容设置和选择上，确保符合当前纺织服装类高职高专院校相关专业的需求，以保障教材的适用性；二是紧密结合纺织检测技术和标准内容的最新发展，特别是借助在线课程平台以数字化资源方式来实时更新相关内容，确保教材内容的时效性；三是充分运用信息化技术，在教材中设置二维码，绝大多数具体项目的检测操作可以实现扫码观看视频，凸显教材的立体性，并与同名在线课程紧密配合，更有效辅助教学。

全书各部分内容的编写分工如下：学习情境1 学习任务1-1~1-4洪杰（江苏工程职业技术学院）、学习任务1-5杨友红（广东职业技术学院）；学习情境2 学习任务2-1洪杰、学习任务2-2~2-7陈桂香（江苏工程职业技术学院）；学习情境3 学习任务3-1~3-5陆艳（江苏工程职业技术学院）、学习任务3-6洪杰、学习任务3-7莫靖昱（江苏工程职业技术学院）、学习任务3-8~3-11杨友红；学习情境4 学习任务4-1、4-2莫靖昱、学习任务4-3~4-6姚海伟（陕西工业职业技术学院）；学习情境5 学习任务5-1洪杰、学习任务5-2~5-4莫靖昱；学习情境6 学习任务6-1、6-2，学习任务6-5、6-6陈和春（江苏工程职业技术学院），学习任务6-3、6-4洪杰。全书由洪杰负责统稿和审校工作。

全书在编写过程中承蒙温州市大荣纺织仪器有限公司、莱州市电子仪器有限公司的大力支持，提供了诸多宝贵的高质量素材，江苏工程职业技术学院有关领导给予了指导、关心和支持，王方、吴静、邢洪莉、刘红梅等在视频编辑上给予了莫大的帮助，在此一并表示由衷的感谢！

本书在编写过程中参考了相关书籍、资料和论文，在此谨对原作者表示衷心感谢。由于本书作者水平有限，且时间仓促，资料收集不甚全面，书中难免存在疏漏和不足之处，真诚地欢迎批评指正。

教师在讲授本教材内容时，可根据本校具体情况选择性讲解各部分内容，建议各部分学时安排如下：

内容	讲授学时
学习情境 1　纺织品检测基本知识	2~6
学习情境 2　织物物理性能检测	16~20
学习情境 3　织物保形性能检测	18~22
学习情境 4　纺织品色牢度检测	8~14
学习情境 5　织物舒适性能检测	8~10
学习情境 6　纺织品功能性检测	12~16
总学时	64~88

洪　杰

2019 年 5 月

目 录

学习情境 1　纺织品检测基本知识

学习目标

　　1. 能够说出标准的主要类别；

　　2. 能够读出标准编号的含义；

　　3. 能够说出标准大气条件；

　　4. 了解检测中不同级用水的要求；

　　5. 了解进行检测数据处理的基本原则；

　　6. 对检测数据会按照原则进行正确修约；

　　7. 能够对纺织服装产品使用说明进行识读和是否规范进行评判；

　　8. 知道纺织品定性、定量分析的主要方法；

　　9. 能够对纺织品进行定性检测分析；

　　10. 能够依据公式对纺织品定量检测中的数据进行计算。

学习任务 1-1　标准基本知识

　　标准是指经协商一致制定并由公认机构批准，共同使用和重复使用的一种规范性文件，它是科学技术和实践经验的总结。相应的纺织标准是指对纺织科学技术和纺织生产实践经验的总结，经有关方面协商一致，由特定机构批准、发布，共同遵循和使用的一种规范性文件。

　　纺织标准从不同的角度出发有多种分类方法，根据使用范围可划分为国际标准、区域标准、国家标准、行业标准、地方标准、团体标准和企业标准；根据标准的约束性划分为强制性标准和推荐性标准。在我国，根据 2017 年 11 月 4 日第十二届全国人民代表大会常务委员会第三十次会议修订通过的《中华人民共和国标准化法》第二条的表述，标准有国家标准、行业标准、地方标准、团体标准和企业标准五种。

一、依据标准的级别分类

1. 国际标准

　　国际标准是指由世界各地具有共同利益的独立主权国家参加组成的世界标准化组织，通过有组织的合作和协商后制定并发布的标准。主要的国际标准有国际标准化组织（ISO）、国际电工委员会（IEC）和国际电信联盟（ITU）制定的标准，此外还有国际标准化组织确认并公布的其他国际组织制定的标准，国际标准在世界范围内统一使用。

2. 区域标准

区域标准是指区域性国家集团或标准化团体为了共同利益经协商、制定和发布的标准。如欧洲标准化委员会（CEN）、泛美技术标准委员会（COPANT）、非洲地区标准化组织（ARSO）、阿拉伯标准化与计量组织（ASMO）等，其中部分标准被收录为国际标准。

3. 国家标准

国家标准是指由合法的国家标准化组织制定、批准和发布的标准。如中国国家标准（GB）、美国材料与试验协会标准（ASTM）、美国纺织化学师与印染师协会标准（AATCC）、日本工业标准（JIS）、德国标准（DIN）、英国标准（BS）、法国标准（NF）、韩国工业标准（KS）等。

4. 行业标准

行业标准是指在全国某个行业范围内统一的标准，由国家有关行政主管部门制定和发布，并报国家标准化行政主管部门备案。当同一内容的国家标准公布后，则该内容的行业标准即行废止。如机械（JB）、电子（SJ）、化工（HG）、轻工（QB）、纺织（FZ）、环境保护（HJ）等，都制定有行业标准。

5. 地方标准

对没有国家标准和行业标准而又需要在省、自治区、直辖市范围内统一的工业产品的安全、卫生要求，可以制定地方标准（DB）。地方标准由省、自治区、直辖市标准化行政主管部门制定和发布，并报国家标准化行政主管部门和有关行政主管部门备案，在公布国家标准或者行业标准之后，该地方标准即应废止。

6. 团体标准

团体标准是近年来新生的一种标准，是指由学会、协会、商会、联合会、产业技术联盟等社会团体协调相关市场主体共同制定满足市场和创新需要的一种标准，由本团体成员约定采用或者按照本团体的规定提供社会自愿采用。一般以 T 作为团体标准的开头。

7. 企业标准

企业标准是对企业范围内需要协调、统一的技术要求，管理要求和工作要求所制定的标准。一般以 Q 作为企业标准的开头。

二、依据执行的方式分类

国家标准分为强制性标准、推荐性标准，行业标准、地方标准为推荐性标准。强制性标准必须执行，国家鼓励采用推荐性标准。

1. 强制性标准

为保障人身健康和生命财产安全、国家安全、生态环境安全以及满足社会经济管理基本需要的技术要求而制定的一些标准称为强制性标准。国家以法律形式明确要求对于这一些标准所规定的技术内容和要求必须严格强制执行，不得以任何理由或方式加以违反、变更，在国家标准中以 GB 开头。

2. 推荐性标准

除了强制性标准之外的其他标准都是推荐性标准。推荐性国家标准、行业标准、地方标准、团体标准、企业标准的技术要求不得低于强制性国家标准的相关技术要求。如以 GB/T 开头的就属于推荐性国家标准。

三、依据标准的性质分类

从标准性质角度，可以分为技术标准、管理标准和工作标准这三大类。

1. 技术标准

对标准化领域中需要协调统一的技术事项所制定的标准称为技术标准。纺织标准大多属于技术标准，按其内容又可分为包含基础技术性标准和检测方法标准两部分的纺织基础标准和纺织产品标准。

2. 管理标准

对标准化领域中需要协调统一的管理事项所制定的标准称为管理标准。

3. 工作标准

对工作的责任、权力、范围、质量要求、程序、效果、检查和考核办法等所制定的标准称为工作标准。

四、依据标准的对象分类

按照标准对象的名称归属分类，可将标准分为基础标准、方法标准和产品标准三大类。

1. 基础标准

基础标准在一定范围内作为其他标准的基础并普遍使用，具有广泛指导意义的标准。如术语标准、符号、代号、代码标准、标准化管理标准，量与单位标准等都是广泛使用的综合性基础标准。

2. 方法标准

方法标准以试验、检查、分析、抽样、统计、计算、测定、作业等方法为对象制定的标准称为方法标准。

3. 产品标准

为保证产品的适用性，对产品必须达到的某些或全部要求所做的技术规定，即为产品标准。

对于标准可以通过标准编号快速地获悉其标准级别、执行方式和性质，标准编号一般由标准的代号、发布的顺序号、发布的年号三部分组成，见图 1-1 展示的范例。

发布的顺序号

GB/T 6529—2008

发布的年号

标准的代号

图 1-1　标准编号范例

 看一看：扫描二维码，看看纺织标准知多少。

 练一练：

（1）判断：GB 31701—2015，通过这一标准编号认为其属于强制性

纺织标准知多少

国家标准，其中所规定的技术内容和要求必须严格强制执行。（　　　）

（2）填空：GB/T 33728—2017，标准的代号是（　　　），发布的顺序号是（　　　），发布的年号是（　　　）。

学习任务 1-2　纺织品检测大气条件和用水要求

纺织品大多数具有一定的吸湿性，在不同的温湿度条件下，其实际回潮率不同，进而影响一系列性能产生变化，将导致检测中的结果出现一定偏差，而不具有可比性。因此为了使在不同时间、不同地点进行纺织品检测所取得结果具有可比性，就必须对检测时的大气条件进行统一规定。同时在诸多具体性能检测中，对于用水也有一定要求，如明确提及要使用三级水、去离子水或是蒸馏水等。

一、标准大气条件

标准大气包含温度、相对湿度和大气压力三个基本参数，亦称为大气的标准状态。我国规定大气压力为 1 个标准大气压，即 101.3kPa（760mmHg）。根据 GB/T 6529—2008《纺织品 调湿和试验用标准大气》的规定，分为标准大气和可选标准大气两种，标准大气条件为温度（20±2）℃，相对湿度为 65%±4%。可选标准大气仅在有关各方同意下使用，具体见表 1-1。

表 1-1　可选标准大气条件

项目	温度（℃）	相对湿度
特定标准大气	23±2	50%±4%
热带标准大气	27±2	65%±4%

纺织品因其所用纤维存在吸湿滞后性，放湿达到平衡较由吸湿达到平衡时的平衡回潮率要高，在实际检测中，由不同检测需求方提供的纺织品其所处的温湿度环境不尽相同，必然导致对检测结果产生影响，特别是吸湿性能好的纤维产品，如普通黏胶纤维所制取面料，其强力受回潮率影响很大。为了消除这一影响，需要在实施检测前对纺织品进行调湿或预调湿。

将样品在标准大气条件下放置一定时间，使其吸湿达到平衡回潮率，这一过程称为调湿。进行调湿的纺织品每隔 2h 连续称重，其质量递变量不超过 0.25%，或者每隔 30min 连续称重，其质量递变量不超过 0.1%，即认为达到了吸湿平衡。通常不按照这一办法验证时，一般的纺织品调湿 24h 以上即可，合成纤维材质的调湿 4h 以上即可。但需要注意的是调湿过程不能间断，如果被迫中断，则必须按照规定重新调湿。

为了使同一样品达到相同的平衡回潮率，在调湿处理中，统一规定要由吸湿达到平衡，当样品在调湿前实际回潮率接近或高于标准大气条件下的平衡回潮率而比较潮湿时，为了确保样品能在吸湿状态下达到调湿平衡，需要进行预调湿。预调湿的目的是为了降低样品的实际回潮率，预调湿的大气条件通常为温度不超过 50℃，相对湿度为 10%～25%。在这一环境中，样品每隔 2h 连续称重，其质量递变量不超过 0.5% 即表示完成预调湿。一般样品预调湿 4h 即可达到要求。

二、用水要求

在一些具体纺织品服用性能指标检测实施中所提及的用水要求，其依据标准为 GB/T 6682—2008《分析实验室用水规格和试验方法》。

1. 一级水

一级水用于有严格要求的分析试验，包括对颗粒有要求的试验，如高效液相色谱分析用水。一级水可通过二级水经过石英设备蒸馏或离子交换混合床处理后，再经 0.2μm 微孔滤膜过滤来制取。

2. 二级水

二级水用于无机痕量分析等试验，如原子吸收光谱分析用水。二级水可用多次蒸馏或离子交换等方法制取。

3. 三级水

三级水用于一般化学分析试验。三级水可用蒸馏或离子交换等方法制取。

因此，蒸馏水、去离子水的概念范围广，可能属于一至三级水中的一种，在检测中如需用水，应严格按照标准的要求选用。

 练一练：

（1）填空：标准大气条件是指温度为（　　　　），相对湿度为（　　　　）。

（2）判断：纺织品实施检测前，都必须先进行预调湿，然后再调湿。（　　　　）

（3）判断：在纺织品相关性能检测中，如需要用水，使用纯净水即可满足要求。（　　　　）

学习任务 1-3　纺织品检测数据处理

对纺织品具体的性能实施检测后，会获得相关检测数据，对于这些检测数据受各种因素影响会存在一定误差或者出现异常情况，需要加以控制和消除，来提高和保证检测数据的准确性。

一、误差的分类与处理

在检测中，不可能得到百分百的真实值，只能是一个与真实值相近的值，这个值与真实值之间的差异，称为测量误差，简称误差。从不同的角度出发，误差分类也不相同。

1. 按误差的来源分类

按误差的来源不同可以分为人员操作误差、环境条件误差、仪器误差和抽样误差。人员操作误差主要是由于操作人员操作不规范造成的，比如测试人员在读数时的视差等。环境条件误差主要是环境变化造成的，如温湿度的变化、电磁场的影响、电源的干扰等。仪器误差主要是仪器本身的原因造成的，如所用仪器不适合、仪器未按标准校正等。抽样误差主要是面对被测的对象往往总体很大，需要采取抽样测量，但抽样时有可能抽样方法不当、所得样品不具有代表性等所造成的误差。

2. 按误差产生的原因分类

按误差产生的原因不同可以分为系统误差、随机误差和过失误差。系统误差又称可测误差，是指在重复性条件下，对同一被测量对象进行无限多次测量所得结果的平均值与被测量真值之差。系统误差具有单向性、重复性的特点，影响比较固定，有规律可循，一般可以通过定期校正仪器，按照标准规范操作等途径予以修正或消除。在实际检测中，应尽量避免系统误差。随机误差也称偶然误差，是随机产生的，具有偶然性因素，难以控制。实践证明，随机误差遵循正态分布，可以依照正态分布的特性来处理。过失误差也称不正当误差、疏失误差或粗大误差，它是测量人员疏忽、疲劳或是操作出错等原因造成的，在测量中要尽可能避免。过失误差没有任何规律可循，比较明显，要按照规定的法则将其从结果当中剔除。

3. 按误差的表示方法分类

按误差的表示方法不同可以分为绝对误差和相对误差。绝对误差是测定值 X 与真实值 x 之差，以 $\Delta X = X - x$ 来表示。但 x 是未知的，而 X 是波动的，因此 ΔX 可正可负。在实际检测中，只要没有明显的系统误差，在次数足够的情况下，可以用测定值的算术平均值来代表其真实值。

由于绝对误差不能用作误差大小的相对比较，此时只能用相对误差 δ，相对误差是以绝对误差与真实值的比值来表示，即 $\delta = \dfrac{\Delta X}{x}$。在实际应用中可以用 X 来近似代替 x，则 $\delta = \dfrac{\Delta X}{X}$。如果 δ 值大，说明 X 偏离 x 远，则测试的精确度就差，因此在误差运算中，有时采用相对误差比绝对误差更科学。

在系统误差、随机误差和过失误差中，随机误差难以控制，过失误差可以尽量避免，因此关键就在于系统误差的处理。系统误差又称可测误差，是由某些固定的原因造成的。一般可以采用数据分析、理论分析或对比分析的方法发现系统误差。系统误差具有单向性、重复性的特点，影响比较固定，因此可以测定校正。主要通过以下几个方面来消除和修正误差。

（1）从产生的根源上消除系统误差是最根本的方法，因此要对检测过程中有可能产生系统误差的各个环节仔细分析，如合理选用仪器设备、调整好仪器设备的状态等，最大限度地减小和消除系统误差。

（2）引入修正项消除系统误差，对各种误差因素进行充分研究，计算出误差，以与误差数值大小相同而符号相反的值作修正值引入修正。

（3）选择适合的测量方法减小和消除系统误差。

①代替法，首先对被测对象进行测量，接着用一个标准量代替，再次测量，求出两者之间的差值，从而消除误差。

②异号法，进行两次测量，使得两次测量中的误差大小相等、符号相反，从而消除系统误差。

③交换法，根据误差产生的原因，将测量过程中的某些条件交换，使产生系统误差的原因对测量结果起相反的作用，而消除系统误差。

在实际中可以选择使用其中一种或多种进行。

二、异常值的处理与修约

在实际的检测中，获得测试数据后，会遇到个别数据比其他数据明显偏大或偏小，这样的数据被称为异常值。异常值的出现有两种情况，一种是被测总体固有的随机变异性的极端表现，属于总体的一部分；另一种是由于测试条件和方法的偏离或是观测、计算、记录的失误造成的，不属于总体。

对于异常值的处理，可以按照 GB/T 4883—2008《数据的统计处理和解释 正态样本离群值的判断和处理》、GB/T 6379.1~6 测量方法与结果的准确度系列标准进行。

在对检测数据结果进行处理过程中通常还需要按照相应的标准进行修约。修约的过程应遵循 GB/T 8170—2008《数值修约规则与极限数值的表示和判定》中的规定。在此对规则做简要的介绍。

1. 小于 5

拟舍弃数字的最左一位数字小于 5 时，则舍去，即保留的各位数字不变。

范例：将 22.1498 修约到一位小数，其拟舍弃数字包括"498"，最左一位数字为"4"，因此舍弃得 22.1。同理如果要将 22.1498 修约成两位有效位数，得 22。

2. 大于或等于 5

拟舍弃数字的最左一位数字大于 5，或者虽然等于 5，但其后跟有并非全部为 0 的数字时，则进一，即保留的末位数字加 1。

范例：将 2268 修约到百位，得 $23×10^2$（特定时可以写为 2300）。将 2268 修约成三位有效位数，得 $227×10$（特定时可以写为 2270）。将 20.502 修约到个位，得 21。

3. 等于 5

拟舍弃数字的最左一位数字等于 5，而右面无数字或皆为 0 时，若所保留的末位数字为奇数（1、3、5、7、9）则进一，为偶数（0、2、4、6、8）则舍弃。

范例：拟修约数值 0.35，修约间隔为 0.1（10^{-1}），因此修约值为 $4×10^{-1}$（特定时可以写为 0.4）。拟修约数值 2500，修约间隔为 1000（10^3），因此修约值为 $2×10^3$（特定时可以写为 2000）。

4. 负数

负数修约时，先将它的绝对值按上述规定进行修约，然后在修约值前面加上负号。

范例：拟修约数值 -355，修约到十数位，修约值为 $-36×10$（特定时可以写为 -360）。拟修约数值 -0.0365，修约到三位小数，即修约间隔为 10^{-3}，修约值为 $-36×10^{-3}$（特定时可以写为 -0.036）。

5. 不许连续修约

不许连续修约，也即拟修约数字应在确定修约位数后一次修约获得结果，而不得多次按上述规则连续修约。

范例：修约 15.4546 到整数位。正确的为 15。不正确的为 $15.4546→15.455→15.46→15.5→16$。

对于修约规则，总的一句话是："四舍六入五考虑，五后非零应进一，五后皆零视前位，五前为偶应舍去，五前为奇则进一，整数修约原则同，不要连续作修约。"

 练一练：

对下列数据进行修约。

（1）5.72671 修约为整数；　　　（2）16421 修约为两位有效数字；

（3）17.569 修约到一位小数；　　（4）-0.0355 修约到三位小数。

学习任务 1-4　纺织品和服装使用说明

根据 GB 5296.4—2012《消费品使用说明 第 4 部分：纺织品和服装》中的规定，纺织品和服装的使用说明应包含八个方面的内容，具体见表 1-2。使用说明可采取表 1-3 所列出形式中的一种或多种，需要注意的是采取多种形式时应确保其内容的一致性。

对于表 1-2 中号型或规格、纤维成分及含量和维护方法三部分内容应采用永久附着在产品上，并能在产品的使用过程中保持清晰易读的耐久性标签上，其余的内容宜采用耐久性标签以外的形式。但如果耐久性标签对产品的使用有影响，例如布匹、绒线、袜子、手套等产品，可不采用耐久性标签。对于团体定制且为非个人维护的产品，可不采用耐久性标签。此外，对于产品被包装、陈列或卷折，消费者不易发现产品耐久性标签上的信息，则还应采取其他形式标注该信息。

表 1-2　使用说明的内容

序号	内容	具体内容
1	制造者的名称和地址	（1）标明承担法律责任的制造者依法登记的名称和地址； （2）进口的则应标明该产品的原产地（国家或地区）以及代理商或进口商或销售商在中国大陆依法登记注册的名称和地址

序号	内容	具体内容
2	产品名称	（1）应标明名称，且表明产品的真实属性； （2）国家标准、行业标准对产品名称有术语及定义的，宜采用国家标准、行业标准规定的名称； （3）国家标准、行业标准对产品名称没有术语及定义的，应使用不会引起消费者误解或混淆的名称
3	产品号型或规格	（1）纱线应至少标明产品的一种主要规格，如线密度、长度或重量等； （2）织物应至少标明产品的一种主要规格，如单位面积质量、密度或幅宽等； （3）床上用品、围巾、毛巾、窗帘等制品应标明产品的主要规格，如长度、宽度、重量等； （4）服装类产品宜按 GB/T 1335 或 GB/T 6411—2008 表示服装号型的方式标明产品的适穿范围，针织类服装也可标明产品长度或产品围度等； （5）袜子应标明袜号或适穿范围，连裤袜应标明所适穿的人体身高和臀围的范围； （6）帽类产品应标明帽口的围度尺寸或尺寸范围； （7）手套应标明适用的手掌长度和宽度； （8）其他纺织品应根据产品的特征标明其型号或规格
4	纤维成分及含量	（1）产品应按 GB/T 29862—2013 的规定标明其纤维的成分及含量； （2）皮革服装应按 QB/T 2262—1996 标明皮革的种类名称
5	维护方法	产品应按 GB/T 8685—2008 规定的图形符号表述维护方法，可增加对图形符号相对应的说明性文字，当图形符号满足不了需要时，可用文字予以说明
6	执行的产品标准	产品应标明所执行的国家、行业、地方或企业的产品标准编号
7	安全类别	应根据 GB 18401—2010 标明产品的安全类别
8	使用和储藏注意事项	因使用不当可能造成产品损坏的产品宜标明使用注意事项，有储藏要求的产品宜说明储藏方法

表 1-3　使用说明的形式

序号	形式	序号	形式
1	直接印刷或织造在产品上	4	悬挂、粘贴或固定在产品包装上的标签
2	固定在产品上的耐久性标签	5	直接印刷在产品包装上
3	悬挂在产品上的耐久性标签	6	随同产品提供的资料等

使用说明应附着在产品或包装上的明显部位或适当部位，并应按单件产品或销售单元为单位提供。对于使用说明中的耐久性标签应确保在产品的使用寿命内永久性地附在产品上，且位置要适宜。在服装中的纤维成分及含量和维护方法耐久性标签，上装一般可缝置于左摆缝中下部，下装可缝置于腰头里子下沿或左边裙侧缝、裤侧缝上。床上用品、毛巾、围巾等制品的耐久性标签可缝在产品的边角处。特殊工艺的产品上耐久性标签的安放位置，可根据需要设置。

需要注意的是：

（1）使用说明上的文字应清晰、醒目，图形符号应直观、规范；

（2）所用文字应为国家规定的规范汉字，可同时使用相应的汉语拼音、少数民族文字或外文，但汉语拼音和外文的字体大小应不大于相应的汉字；

（3）耐久性标签应有适宜材料制作，在产品使用寿命周期内保持清晰易读。

想一想：在识读具体产品使用说明中的内容后，你认为其作用有哪些？

练一练：寻找一款纺织服装产品，拍下其使用说明，进行识读。

学习任务 1-5　纺织品成分分析

纺织品的纤维成分含量在其生产和使用过程中，对生产的顺利进行和消费者正确使用、护理有着重要的指导意义。在前一学习任务中也已标明应依据 GB 5296.4—2012 中的规定，对纺织品和服装应正确标注其纤维成分含量。因此在生产和产品质量控制过程中，正确分析纤维成分含量十分重要。对于这一分析一般有三个过程：产品的预处理、定性分析和定量分析。其中，FZ/T 01057.1~7—2007 纺织纤维鉴别试验方法系列标准是纤维定性分析，GB/T 2910.X 纺织品定量化学分析系列标准是定量分析。

在这一学习任务中主要对纺织品的预处理、定性分析、定量分析以及新型的纤维分析技术做相应介绍。

一、纺织品定性分析

对纺织品进行定性分析，也即对其所用纤维进行鉴别是通过各种技术手段来考证未知纤维的结构形态、组成元素及所具有的物理化学性质，再据此来判断所用纤维的种类。

（一）试样的预处理

当试样上附着的整理剂、涂层、染料等物质可能掩盖纤维的特征、干扰鉴别结果的准确性时，应选择适当的溶剂和方法将其除去，但要求这种处理方法和所使用的溶剂不得损伤纤维或使纤维的性质有任何改变。

（二）纤维鉴别的一般性程序

先采用显微镜法将待测纤维进行大致分类。其中天然纤维素纤维（如棉、麻等）、部分再生纤维素纤维（如黏胶纤维等）、动物纤维（如羊毛、羊绒、蚕丝等）具有独特的形态特征，用显微镜法即可鉴别。合成纤维、部分人造纤维（如莫代尔、莱赛尔等）经显微镜初步鉴别后，再采用燃烧法、溶解法等一种或几种方法进行进一步确认后最终确定待测纤维的种类。

（三）纤维种类鉴别的常规方法

常用的纤维种类鉴别方法有：燃烧法、显微镜法、溶解法、含氯含氮呈色反应法、熔点法、密度梯度法、红外光谱法和双折射率法等。在纺织品成分定性中，一般仅用一种方法鉴别纤维较为困难，常要用两种或两种以上方法综合分析判断。

1. 手感目测法

手感目测法是一种利用人的感官来鉴别纤维种类的一种方法。此法适用于呈散纤维状态的纺织原料，也使用于部分织物所用纤维种类的初步鉴别。通过手感目测，一般可以鉴别织物中是否有弹性纤维、金属纤维、短纤维或长丝。

散纤维状态的纺织原料鉴别一般方法。通过手感目测，依据纤维的长短、粗硬、卷曲、光泽、弹性等特征来鉴别纤维。常规纤维的感官指标有以下特征：

（1）棉纤维比苎麻纤维和其他麻类的工艺纤维、毛纤维均短而细，常附有各种杂质和疵点。

（2）麻纤维手感较粗硬。

（3）羊毛纤维卷曲而富有弹性。

（4）蚕丝是长丝，长而纤细，具有特殊光泽。

（5）化学纤维中只有黏胶纤维的干、湿状态强力差异大。

（6）氨纶丝具有非常大的弹性，在室温下它的长度能拉伸至五倍以上。

2. 燃烧法

将纺织品试样中的纱线退捻呈松散束状，用镊子夹住缓慢靠近火焰，观察纤维束有无收缩和熔融现象；再移入火焰中，使其充分燃烧，观察纤维在火焰中的燃烧情况，如燃烧的难易程度、火焰的大小、颜色、是否冒烟、烟雾浓度和颜色以及燃烧时的气味等；最后离开火焰，观察是否继续燃烧以及燃烧后残留物的状态。常规纤维的燃烧特征见附表 1。

3. 显微镜法

利用 100~500 倍显微镜观察纤维的纵向和横截面形态特征，判断试样中的纤维是一种还是多种，对照纤维的标准照片和形态描述来鉴别未知纤维的类别。这种方法简单，可区分天然纤维和化学纤维。观察混纺纱线的横截面，既可粗知混纺纤维的种类数，又能在混纺纤维截面形态差异较大时，由根数大致判断混纺比。为了能较准确地判断试样中的纤维种类，还可以在显微镜下观察试剂对微量纤维的膨润、溶解作用，这种方法又称显微镜化学试验法。常规纤维的横截面、纵面形态特征见附表 2 和附表 3。

4. 溶解法

溶解法是指利用不同化学试剂对试样中少量纤维在一定温度和时间下的溶解特性来定性鉴别纤维种类的试验方法。各纤维的化学溶解性能见附录表 4。

（四）纤维种类鉴别的新型方法

1. 含氯含氮呈色反应法

取干净的铜丝，用细砂纸除去表面的氧化层，用烧热的铜丝接触纤维后，再移至火焰的氧化焰中，如呈绿色，则表示该纤维含氯，由此可检出聚氯乙烯、聚偏氯乙烯等含氯纤维。

在试管中放少量切碎的纤维，并用适量碳酸钠覆盖，加热产生气体，用湿润的红色石蕊试纸检验，若变为蓝色，则表示该纤维含氮，由此可检出聚丙烯腈、聚酰胺、丝毛等含氮纤维。部分含氯含氮纤维的呈色反应见表1-4。

表1-4 部分含氯含氮纤维的呈色反应

纤维名称	Cl（氯）	N（氮）	纤维名称	Cl（氯）	N（氮）
蚕丝	×	√	锦纶	×	√
动物毛绒	×	√	氯纶	√	×
腈纶	×	√			

注 √—有，×—无。

2. 熔点法

熔点是根据纤维的熔融特性，用附有加热装置的偏光显微镜或熔点显微镜，控制升温速率（3~4℃/min），观察两片玻璃片之间的微量纤维的变化，直至偏光消失或纤维消失，测定此时的温度即为纤维的熔点，或用熔点仪自动测定纤维的熔点。不同纤维的熔点不同，见表1-5。由此可鉴别纤维的种类。

表1-5 各种合成纤维的熔点

纤维名称	熔点范围（℃）	纤维名称	熔点范围（℃）
醋酯纤维	255~260	维纶	224~239
涤纶	255~260	氯纶	202~210
腈纶	不明显	氨纶	228~234
锦纶6	215~224	乙纶	130~132
锦纶66	250~258	丙纶	160~175

3. 密度梯度法

各种纤维的密度不同，根据所测定的未知纤维密度并将其与已知纤维密度对比，来鉴别未知纤维的类别。将两种密度不同而能互相混溶的液体，经过混合然后按一定流速连续注入梯度管内，由于液体分子的扩散作用，液体最终形成一个密度自上而下递增并呈连续性分布的梯度密度液柱。用标准密度玻璃小球标定液柱的密度梯度，并作出小球密度—液柱高度的关系曲线。随后将被测纤维小球投入密度梯度管内，待其平衡静止后，根据其所在高度查密度—高度曲线图即可求得纤维的密度，见表1-6。

4. 红外光光谱法

由于各种纤维分子中原子基团和化学键不同，其振动（转动）能级差都有特定的数值，只有当入射红外光的能量与其振动（转动）能级差相同时，该波数的红外光才能被吸收，并转变为分子的振动（转动）能，使分子由较低能级跃迁到较高能级，因此各种纤维对红外光的吸收具有选择性。若以波数或波长为横坐标，以吸收率或透光率为纵坐标，借助仪器作图，即可得到某种纤维试样的红外吸收光谱图。光谱中每个特征吸收谱带给出分子中相应基团和化学键的存在信息，因而不同纤维有不同的红外光谱图。根据上述原理，将未知纤维与已知纤维的红外谱图比较，便可鉴别纤维的种类。

表 1-6　常用纺织纤维密度 [(25±0.5) ℃]

纤维名称	密度（g/cm³）	纤维名称	密度（g/cm³）
棉	1.54	醋酯纤维	1.32
苎麻	1.51	涤纶	1.38
亚麻	1.5	锦纶	1.14
蚕丝	1.36	维纶	1.24
羊毛	1.32	丙纶	0.91
黏胶纤维	1.51	莱赛尔	1.52

5. 双折射率测定法

用偏光显微镜（400~500 倍）观察浸油中的单根纤维，依据贝克线变化，调换不同折射率的浸油，直至贝克线不见为止，此时所测纤维的折射率与浸油的折射率相等。由于纤维具有双折射性质，故可分别测得平面偏光振动方向的平行于纤维长轴方向的折射率和垂直于纤维长轴方向的折射率。根据不同纤维的不同双折射率，可定性鉴别棉、麻、丝、毛和化学纤维。

（五）各种鉴别方法的比较

纺织纤维的品种繁多，鉴别的方法有多种。在鉴别纤维时，应根据具体条件选用合适的鉴别方法，其选择的原则是由简到繁，范围由小到大，必要时可同时采用几种方法来做最后的判断，只有这样才能准确无误地对纤维进行鉴别。将纤维种类鉴别方法的优缺点比较如下，具体见表 1-7。

表 1-7　各种鉴别方法的比较

鉴别方法	适用纤维	优缺点
燃烧法	常用纤维	1. 操作简单方便，随时随地可做 2. 需要有熟练的技术和鉴别经验 3. 混纺纱线鉴别时，可能分辨不准确
显微镜法	所有纤维	1. 操作简单，但制作横截面切片较困难 2. 易鉴别天然纤维
溶解法	常用纤维	1. 操作简单，但必须按严格方法和程序进行 2. 易鉴别合成纤维
熔点法	合成纤维	1. 操作较麻烦、复杂 2. 最终熔点不易看清、看准 3. 需要有熟练的操作技术

鉴别方法	适用纤维	优缺点
密度法	常用纤维	1. 操作比较简单，但预处理比较麻烦 2. 中空异形纤维的鉴别比较困难
双折射率法	所有纤维	1. 操作比较麻烦 2. 准确性较高 3. 需要有熟练的操作技术
显微镜化学法	所有纤维	1. 操作简单 2. 准确性较高

练一练：可以尝试取一块织物采用有条件进行的方法予以定性鉴别，再与其使用说明中的纤维成分标注进行比对。

二、纺织品定量分析

通过定性分析，确定纺织品成分之后，需要进一步对所用纤维进行定量。在定量分析中常用的方法有化学分析法和物理分析法两种，化学分析方法是应用最为广泛的方法之一。其基本原理是根据纤维的化学性质，通过化学方法获得产品中各组分的质量百分比，具体见纺织品定量化学分析系列国家标准。

（一）化学溶解法

1. 试样的预处理

纺织品上的非纤维性物质有的是天然伴生物，也有的是在纺织服装生产过程中的加工助剂（如润滑剂、浆料、染料、树脂或整理剂等，但不包括黄麻油）。这些非纤维物质，在使用溶解法定量过程中会部分或全部溶解，在手工分离法中可能无法按比例分离，在显微镜法中可能影响纤维的分散效果，这些因素都将影响定量结果的准确性。为了避免这些不利影响，在定量分析之前，需预处理去除试样中的非纤维物质。常用的试样预处理方式如下：

取试样5g左右，将其放在索氏萃取器中，用石油醚萃取1h，每小时至少循环6次。待试样中的石油醚挥发后，将试样浸入冷水中，浸泡1h，再用（65±5）℃的水浸泡1h，时时搅拌，然后挤干、抽吸（或离心脱水）并晾干，以上石油醚和水处理的浴比均为100∶1。当试样含有非水溶性的浆料、树脂以及某些天然纤维上的非纤维物质时，如不能用石油醚和水完全去除掉，则需要用特殊的预处理方法，同时要求这种处理对纤维组成没有实质性改变。对于某些未漂白的天然植物纤维（如黄麻、椰壳纤维），石油醚和水的常规预处理并不能完全去除天然胶质等非纤维物质，即使如此也不必再采用其他附加处理，除非该样品含有不溶于石油醚和水的整理剂。

特殊预处理是根据纤维和非纤维物质的种类，采用其他适当的试剂进行处理。对于染料，一般将其看成纤维的一部分，不予去除，除非这些染料会影响定量试验的顺利进行。特殊预处理的方法有很多，常采用的化学试剂有乙醇、丙酮、甲苯、二氯甲烷、淀粉酶、四氢呋喃等，其原则是在去除非纤维物质的同时要尽量减少对纤维的影响，这在很多时候是矛盾的。当无可避免对纤维产生较大影响时，应对受影响的纤维组分进行适当的修正。在非纤维物质对试验结果影响不大的情况下，可不进行预处理。对未经预处理可能带来的检测数据精度下降的风险，各方需进行评估。

2. 二组分纤维混纺产品的化学定量分析方法

此方法适用于某些二组分纤维混合物。混合物的组分经鉴别后，选择适当的试剂去除一种组分，将残留物称重，根据质量损失算出可溶组分的比例，通常应先去除含量较大的组分。混纺产品详细的化学定量分析方法具体见纺织品定量化学分析系列目录标准、FZ/T 01026—2017《纺织品 定量化学分析 多组分纤维混合物》等，下面简要介绍化学定量分析方法的通用试验方法。

（1）试样准备。所取试样须具有代表性，且应满足试验用量。试样应包含不同组成的纱线，对于有循环的花纹组织取样须取到整个循环。为使试样易于溶解，可将其拆成纱线或剪成小块。样品数至少为 2 个，每份 1g 左右。平行试验结果的差值不得超过 1%，对于差值超过 1%的样品应取第 3 个样品进行试验，最终结果取 3 份试样的平均值。

（2）仪器设定参数。调节分析天平的水平，精度 0.2mg 或以上；恒温鼓风烘箱的烘干温度（105±3）℃。

（3）测试步骤。

①将试样按上述要求取样和制备（必要时可先进行预处理），取至少 1g 样品放在已知干重的称量瓶内，置于烘箱中在（105±3）℃温度下烘至恒重，烘干后盖上称量瓶盖，迅速移入干燥器内冷却至室温后称重。

②将烘干、称重后的试样，依据组成成分的不同选用相应的试剂进行溶解，之后将不溶纤维洗净抽滤后放入称量瓶中，使用强酸、强碱试剂时需在洗涤过程中先用弱碱、弱酸洗液中和。

③将带有不溶纤维的称量瓶连同盖子（放在边上），放入烘箱内烘至恒重。烘干后，盖上瓶盖，迅速移入干燥器内冷却至室温后称重。

注意事项：观察剩余物的溶解情况，看是否将需要溶掉的纤维都溶解干净。干燥、冷却、称重等操作过程中，不能用手直接接触试样、称量瓶和不溶纤维。从干燥器中移出称量瓶时，要迅速将称量瓶置于天平中称重，精确至 0.0002g，最好在 2 分钟内完成，以免样品吸湿回潮，从而影响测试结果。

（4）结果处理。净干百分含量的计算：

$$P_1 = \frac{m_1 d}{m_0} \times 100 \% \qquad (1-1)$$

$$P_2 = 1 - P_1 \qquad (1-2)$$

式中：P_1——不溶组分的净干含量百分率；

　　P_2——溶解组分净干含量百分率；

　　m_0——试样干重，g；

　　m_1——残留物干重，g；

　　d——不溶组分质量变化修正系数。

其中，d 值按式（1-3）求得：

$$d = \frac{m_a}{m_b} \tag{1-3}$$

式中：m_a——已知不溶纤维的干重，g；

　　m_b——试剂处理后不溶纤维的干重，g。

当不溶纤维试剂处理后重量损失时，$d>1$；反之，$d<1$。

（5）结合公定回潮率含量百分率的计算。

$$P_m = \frac{P_1(1 + a_1)}{P_1(1 + a_1) + P_2(1 + a_2)} \times 100\% \tag{1-4}$$

$$P_n = 1 - P_m \tag{1-5}$$

式中：P_m——不溶纤维结合公定回潮率的含量百分率；

　　P_n——溶解纤维结合公定回潮率的含量百分率；

　　P_1——不溶纤维净干含量百分率；

　　P_2——溶解纤维净干含量百分率；

　　a_1——不溶纤维的公定回潮率；

　　a_2——溶解纤维的公定回潮率。

（6）结合公定回潮率和预处理中纤维重量损失率的计算。

$$P_A = \frac{P_1(1 + a_1 + b_1)}{P_1(1 + a_1 + b_1) + P_2(1 + a_2 + b_2)} \times 100\% \tag{1-6}$$

$$P_B = 1 - P_A \tag{1-7}$$

式中：P_A——不溶纤维的含量百分率（结合公定回潮率和预处理中非纤维物质去除率）；

　　P_B——溶解纤维的含量百分率（结合公定回潮率和预处理中非纤维物质去除率）；

　　P_1——不溶纤维的净干含量百分率；

　　P_2——溶解纤维的净干含量百分率；

　　a_1——不溶纤维的公定回潮率；

　　a_2——溶解纤维的公定回潮率；

　　b_1——预处理中，不溶纤维的重量损失率或不溶纤维中非纤维物质的去除率；

　　b_2——预处理中，溶解纤维的重量损失率或溶解纤维中非纤维物质的去除率。

如果使用特殊预处理，b_1 和 b_2 的数值必须从实际中测得，需要将每种纤维进行特殊预处理来测得。

看一看：扫描二维码，看一个具体的纺织品成分定量分析（二组分）计算实例。

练一练：通过看一看的计算实例，如果你已学会，可以尝试用这一实例表中其他数据进行计算练习。

成分定量分析
计算实例（二组分）

3. 三组分纤维混纺产品定量化学分析方法

（1）溶解方案。假设织物中含有 A、B、C 三种纤维，根据纤维种类的不同，其溶解过程有四种可选方案，见表 1-8。

表 1-8　三组分混纺产品溶解方案

序号	溶解顺序	
方案 1	试样一 A+B+C→B+C，溶解 A 纤维	试样二 A+B+C→A+C，溶解 B 纤维
方案 2	试样一 A+B+C→B+C，溶解 A 纤维	试样二 A+B+C→C，溶解 A 和 B 纤维
方案 3	试样一 A+B+C→C，溶解 A 和 B 纤维	试样二 A+B+C→A，溶解 B 和 C 纤维
方案 4	A+B+C→B+C→C，先溶解 A 纤维，再溶解 B 纤维	

在计算时，对于表中的前三种方案可直接采用二组分化学定量方法中的修正系数 d 值；第四种方案需根据试剂影响和组分含量对 d 值进行适当修正。

（2）计算方法。计算混纺织物中各组成的百分含量先以净干质量百分含量为基准，然后结合公定回潮率进行校正，根据需要还可以考虑预处理中重量损失。试验结果以两次试验的平均值表示，若两次试样测得结果的绝对值大于 1% 时，应进行第三个试样试验，试样结果以三次试验平均值表示。对于表 1-8 中方案一，其溶解的计算公式如下：

$$P_1 = \left[\frac{d_2}{d_1} - d_2 \frac{r_1}{m_1} + \frac{r_2}{m_2} \left(1 - \frac{d_2}{d_1} \right) \right] \times 100\% \qquad (1-8)$$

$$P_2 = \left[\frac{d_4}{d_3} - d_4 \frac{r_2}{m_2} + \frac{r_1}{m_1} \left(1 - \frac{d_4}{d_3} \right) \right] \times 100\% \qquad (1-9)$$

$$P_3 = 1 - (P_1 + P_2) \qquad (1-10)$$

式中：P_1——A 纤维的净干含量百分率；

P_2——B 纤维的净干含量百分率；

P_3——C 纤维的净干含量百分率；

m_1——第一个试样经预处理后的干重，g；

m_2——第二个试样经预处理后的干重，g；

r_1——第一个试样经试剂处理后剩余纤维的干重，g；

r_2——第二个试样经试剂处理后剩余纤维的干重，g；

d_1——第一个试样经试剂处理 B 纤维重量变化的修正系数；

d_2——第二个试样经试剂处理 C 纤维重量变化的修正系数；

d_3——第二个试样经试剂处理 A 纤维重量变化的修正系数;

d_4——第二个试样经试剂处理 C 纤维重量变化的修正系数。

看一看：扫描二维码，看一个具体的纺织品成分定量分析
（三组分）计算实例。

成分定量分析
计算实例（三组分）

（二）物理分析法

对于纺织品成分定量分析，采用物理分析方法主要有两种：拆分法
和显微镜法。拆分法是将织物用手工拆分、烘干、称重，从而计算出纤
维含量。显微镜法是采用显微镜放大后辨别各种纤维，测量纤维直径、
横截面面积及各类纤维根数，并结合纤维密度计算纤维含量。在实际的
定量检测分析中，常将物理定量方法和化学定量方法结合，来缩短检验周期并提高准确度。

1. 拆分法

拆分法通常是用手工拆分将各组分纤维完全或部分分离，未完全分开的组分还需继续经
过化学定量分析等方法进一步分析。拆分法的优点在于其试验周期短，定量结果直观可控;
其缺点是适用范围小，样品数量多时需要大量人力，效率较低。

如果鉴别结果表明，样品的全部组分或部分组分纤维适用手工分离法，则用手工分离法
将可分离的组分分离开来。具体操作步骤如下：

取制备好的样品平行样两到三份，每份取样量大于等于 1.0g。然后将所取的样品进行手
工分离，各组分放入恒温烘箱（105±5）℃烘至恒重，冷却后分别称出各组分纤维的干重，并
按式（1-11）计算出净干质量含量，计算结果按 GB/T 8170—2008 修约至 0.1。

$$P_{gzi} = \frac{m_{gi}}{\sum m_{gi}} \times 100\% \tag{1-11}$$

式中：P_{gzi}——第 i 组分纤维的净干质量含量;

m_{gi}——第 i 组分纤维的净干质量，g;

纤维结合公定回潮率含量按式（1-12）计算，计算结果按 GB/T 8170—2008 修约至 0.1。

$$P_{ci} = \frac{m_{gi}(1 + W_i)}{\sum [m_{gi}(1 + W_i)]} \times 100\% \tag{1-12}$$

式中：P_{ci}——第 i 组分纤维的结合公定回潮率含量;

m_{gi}——第 i 组分纤维的净干质量，g;

W_i——第 i 组分纤维的公定回潮率（按 GB/T 9994—2018 规定）。

平行样结果的绝对偏差应在 1% 以内。

2. 显微镜法

显微镜法常用于棉麻混纺产品、羊毛羊绒等特种动物毛混纺产品以及纤维形态特征有明
显差异的产品定量分析。

为使样品中的各组分纤维在显微镜下区别更加明显，可对制备好的样品进行着色或褪色

处理。取样应具有代表性，将取好的样品拆成纱线，随机抽取足够量的纱线用纤维切片器切取 0.2~0.36mm 的纤维束，放在载玻片上，加甘油混合均匀，用盖玻片固定，放于显微镜下观察。交织产品可分别测试各交织纱线的成分含量。

（1）纤维根数的测定。将制备好的试样放在显微镜载物台上，目测纤维特征，按不同类分别计数纤维根数，直至试样中的全部纤维计数完毕。每种纤维根数至少测量 100 根，若试样纤维横截面积（直径）存在明显不均匀，则测量根数不少于 300 根，若某种类纤维含量较低，试样中该类纤维总根数不足，则测量试样中所有该类纤维根数，计数纤维根数不少于 1500 根。如果中途测完根数超过规定总根数时不能中断，必须将载玻片全范围内计数完；如果载玻片全范围内不足规定总根数时，则需另制载玻片，使累计纤维数量总数达到规定总根数以上。每批试样计数两组，分别计算两组纤维中每种纤维的折算根数，两次试验中每种纤维的折算根数之差不大于 10 根。

（2）纤维直径的测定。

①用显微投影仪测定

校准显微投影仪，使其在投影平面上能放大到 500 倍；然后将纤维根数测定中准备好的载玻片放在载物台上，使测量的纤维都在投影圆圈内。调整投影仪使纤维图像的边像一条细线投影到楔形尺上，测量纤维长度中部的投影宽度作为直径，但不要测那些重叠和测量点在两根交叉处的纤维和短于 150μm 的纤维，每种类型的纤维要测量 200 根以上。测量完成后，计算每种纤维的平均直径，单位用 μm 表示。

②用数字化纤维检测系统测定

将制备好的试样放在显微镜载物台上，显微镜调到合适的放大倍数，使显示器上的纤维图像直径达 200~1000 倍，选择图像分析软件中正确的标尺和图像采集功能。调节显微镜焦距，使显示器上的图像清晰，用视频摄像头采集图像。利用鼠标完成图像冻结、直径测量等程序，将直径测量结果储存于图像分析软件系统。利用图像分析软件的统计功能自动计算每种纤维直径平方的平均值，单位用 μm² 表示。

（3）纤维横截面面积的测定。

①用显微投影仪测定

用显微镜测微尺（分度为 0.01mm）校准显微投影仪，使投影图像到达投影平面上时能得到需要的放大倍数。将制备好的试样放在显微投影仪的载物台上，在投影平面内放一张 30cm×30cm 有坐标格的描图纸，用削尖的铅笔将纤维图像描在描图纸上，不要去描那些描过的纤维。如果一块载玻片上每种纤维不足 100 根，需要重新制备另外一块载玻片，直到每种纤维超过 100 根。计数方格数，测定每根纤维的横截面面积，再计算每种纤维的横截面面积平均值，单位用 μm² 表示。

②用数字化纤维检测系统测定

将制备好的试样放在显微镜载物台上，显微镜调到合适的放大倍数，使显示器上的纤维图像直径达 500~1000 倍，选择图像分析软件中正确的标尺和图像采集功能。调节显微镜焦距，使显示器上的图像清晰，用视频摄像头采集图像。利用鼠标完成图像冻结、直径测量等程序，将横截面面积测量结果储存于图像分析软件系统。移动载物台，选择另一图像清晰的界面继续测量面积。利用图像分析软件的统计功能自动计算每种纤维的横截面面积平均值，单位用 μm^2 表示。

在显微镜定量分析方法中，测纤维直径的效率较高，但适用范围较小，而测纤维横截面积适用于各种纤维，但效率较低。当纤维的横截面为圆形或近似圆形时，可采用测纤维直径和根数比的方法；当纤维的横截面为非圆形时，则必须采用测纤维的横截面积和根数比的方法。

（4）纤维含量计算。

①纤维根数含量。按式（1-13）计算，计算结果按 GB/T 8170—2008 修约至 0.1。

$$P_{gi} = \frac{N_i}{N} \times 100\% \qquad (1-13)$$

式中：P_{gi}——第 i 组分纤维的根数含量；

$\quad N_i$——第 i 组分纤维的计数测量根数；

$\quad N$——纤维计数测量总根数。

②纤维体积含量计算

对横截面呈圆形或近似圆形纤维，按式（1-14）计算，计算结果按 GB/T 8170—2008 修约至 0.1。

$$P_{ti} = \frac{N_i \times d_i^2}{\sum (N_i \times d_i^2)} \times 100\% \qquad (1-14)$$

式中：P_{ti}——第 i 组分纤维的体积分数；

$\quad N_i$——第 i 组分纤维的计数测量根数；

$\quad d_i^2$——第 i 组分纤维的直径平方的平均值，μm^2。

对横截面呈非圆形纤维，按式（1-15）计算，计算结果按 GB/T 8170—2008 修约至 0.1。

$$P_{ti} = \frac{N_i \times s_i}{\sum (N_i \times s_i)} \times 100\% \qquad (1-15)$$

式中：P_{ti}——第 i 组分纤维的体积分数；

$\quad N_i$——第 i 组分纤维的计数测量根数；

$\quad s_i$——第 i 组分纤维的横截面面积平均值，μm^2。

③纤维质量含量计算

对横截面呈圆形或近似圆形纤维，按式（1-16）计算，计算结果按 GB/T 8170—2008 修约至 0.1。

$$P_{zi} = \frac{N_i \times d_i^2 \times \rho_i}{\sum (N_i \times d_i^2 \times \rho_i)} \times 100\% \qquad (1-16)$$

式中：P_{zi}——第 i 组分纤维的质量分数；

$\quad N_i$——第 i 组分纤维的计数测量根数；

d_i^2——第 i 组分纤维的直径平方的平均值，μm^2；

ρ_i——第 i 组分纤维的密度，g/cm^3。

对横截面呈非圆形纤维，按式（1-17）计算，计算结果按 GB/T 8170—2008 修约至 0.1。

$$P_{zi} = \frac{N_i \times s_i \times \rho_i}{\sum (N_i \times s_i \times \rho_i)} \times 100\% \qquad (1-17)$$

式中：P_{zi}——第 i 组分纤维的质量分数；

N_i——第 i 组分纤维的计数测量根数；

s_i——第 i 组分纤维的横截面面积平均值，μm^2；

ρ_i——第 i 组分纤维的密度，g/cm^3。

④机织物试样结果计算

按式（1-18）计算，计算结果按 GB/T 8170—2008 修约至 0.1。

$$P_{zi} = \frac{P_{iT} \times m_T + P_{iW} \times m_W}{m_T + m_W} \times 100\% \qquad (1-18)$$

式中：P_{zi}——第 i 组分纤维的质量分数；

P_{iT}——经纱中第 i 组分纤维的质量分数；

P_{iW}——纬纱中第 i 组分纤维的质量分数；

m_T——试样中经纱的总质量，g；

m_W——试样中纬纱的总质量，g。

例 1：以棉麻为例，将所有各类纤维的根数、平均直径和相应的各类纤维的密度（表 1-9）代入下列计算公式，计算各类纤维的质量含量。

表 1-9　纤维密度

纤维种类	纤维密度（g/cm³）	纤维种类	纤维密度（g/cm³）
棉	1.54	腈纶	1.18
苎麻	1.51	锦纶	1.14
亚麻	1.50	涤纶	1.38
大麻	1.58	黏胶纤维	1.51
山羊绒	1.30	莫代尔	1.52
兔毛	1.10	绵羊毛	1.31

$$X_i = \frac{n_i \times d_i^2 \times \rho_i}{n_i \times d_i^2 \times \rho_i + n_2 \times d_2^2 \times \rho_2} \times 100\%$$

$$R = X_i$$

$$H = 1.3402\, X_i - 0.0034\, X_i^2$$

$$F = 1.3731\, X_i - 0.0037\, X_i^2$$

$$X_2 = 1 - X_i$$

式中：X_i——麻纤维的质量分数，（苎麻 $X_i = R$，大麻 $X_i = H$，亚麻 $X_i = F$）；

$\qquad n_i$——麻纤维的折算根数，根；

$\qquad n_2$——棉纤维的折算根数，根；

$\qquad d_i$——麻纤维的平均直径，μm；

$\qquad d_2$——棉纤维的平均直径，μm；

$\qquad \rho_i$——麻纤维的密度，g/cm^3；

$\qquad \rho_2$——棉纤维的密度，g/cm^3；

$\qquad R$——苎麻纤维的质量分数（净干含量）；

$\qquad H$——大麻纤维的质量分数（净干含量）；

$\qquad F$——亚麻纤维的质量分数（净干含量）；

$\qquad X_2$——棉纤维的质量分数（净干含量）。

例2：以棉麻为例，根据测定的各类纤维横截面积计算每种纤维质量含量。

$$X_i = \frac{n_i \times S_i \times \rho_i}{n_i \times S_i \times \rho_i + n_2 \times S_2 \times \rho_2} \times 100\%$$

$$X_2 = 1 - X_i$$

式中：S_i——放大500倍麻纤维的横截面积，mm^2；

$\qquad S_2$——放大500倍棉纤维的横截面积，mm^2。

（5）结果处理。

根据两个平行试样计算纤维含量百分比，保留三位有效数字。纤维含量表示按 GB/T 29862—2013《纺织品 纤维含量的标识》执行。

想一想：回顾所学的定量分析化学溶解法并查阅相关资料，你能说一说纺织品成分为多组分时的定量步骤吗?

练一练：

（1）判断：在纺织品成分定性检测中，采用燃烧法，此时试样燃烧气味为烧纸味，认为该纺织品中有棉纤维。（　　）

（2）填空：在采用化学溶解法进行定性检测中，溶解桑蚕丝的化学试剂为（　　），试剂的浓度为（　　），一般需要溶解时间（　　）。

（3）简答：对于一种送检时标称含有棉、蚕丝、羊毛、涤纶、锦纶的混纺织物，请设计一个定性定量检测方案。

学习情境 2　织物物理性能检测

学习目标

1. 能够说出织物物理性能检测的主要项目及对应评测指标；
2. 能够查阅相关织物物理性能检测项目标准；
3. 通过对应学习任务及辅以在线课程的学习，能够使用仪器实施具体织物物理性能项目检测；
4. 能够针对具体的织物物理性能检测项目填写检测报告。

学习任务 2-1　织物拉伸性能检测

织物在生产和使用过程中，会受到外力作用而损坏，其中受拉伸作用是最为常见和基本的方式。对于织物在受到外界拉伸力的作用下，产生伸长和变形，直至最终受到破坏而断裂的现象称之为织物拉伸断裂。这一性能检测主要针对机织物，可分为经向拉伸和纬向拉伸，所用的检测标准和方法为 GB/T 3923.1—2013《纺织品 织物拉伸性能 第 1 部分：断裂强力和断裂伸长率的测定（条样法）》和 GB/T 3923.2—2013《纺织品 织物拉伸性能 第 2 部分：断裂强力的测定（抓样法）》。

拉伸作为织物最基本的力学性能，在纺织材料检测课程中已有涉及并对条样法进行了具体的学习，因此这一任务中将主要针对抓样法进行学习。

织物拉伸性能是指织物在使用过程中，受到拉伸作用时抵抗变形及破坏的能力。根据前述，织物拉伸性能检测抓样法依据的标准为 GB/T 3923.2—2013。相比条样法将试样的整个宽度被夹持器夹持，抓样法是指试样宽度方向的中央部位被夹持器夹持进行拉伸。

一、取样

批样按照表 2-1 的规定进行，应注意的是，运输中受潮或者受损的匹布不能作为样品。

表 2-1　批样

一批的匹数	批样的最少匹数	一批的匹数	批样的最少匹数
≤3	1	31～75	4
4～10	2	≥76	5
11～30	3		

从批样的每一匹布中随机剪取至少 1m 长的全幅宽作为实验室样品，但应注意至少离匹端 3m，并应确保样品没有褶皱和明显的疵点。

二、试样准备

按照 GB/T 6529—2008 的要求应先对试样进行预调湿和调湿，试样在松弛状态下至少调湿 24h，在湿润状态下进行检测的试样则无需预调湿和调湿。

从实验室样品上剪取两组试样，试样应具有代表性，避开褶痕、褶皱和布边。一组为经向，一组为纬向，每组试样至少取 5 块，取样尺寸宽度为（100±2）mm，长度方向应能满足隔距长度 100mm。剪取试样时应注意距布边至少 150mm，且不应在同一长度上取样，参见图 2-1。

在每一块试样上沿平行于长度方向的纱线画一条距试样边 38mm 贯穿整个试样长度的标记线，参见图 2-2。

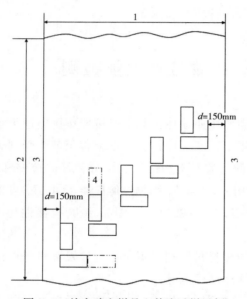

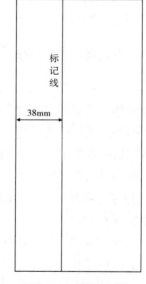

图 2-1　从实验室样品上剪取试样示例　　　　图 2-2　标记试样

1—织物宽度　2—织物长度　3—边缘

4—如果有需要，用于润湿试验的附加长度

注：①如需测试织物湿态断裂强力，则剪取试样长度应至少为干态时的 2 倍，一块用于测干态断裂强力，一块用于测湿态断裂强力；

②试样湿润应放在温度（20±2）℃（热带地区温度可按 GB/T 6529—2008 规定）的符合 GB/T 6682—2008 规定的三级水中浸渍 1h 以上，也可用每升含不超过 1g 非离子湿润剂的水溶液代替三级水。

三、仪器设定参数

仪器的隔距长度设为 100mm，或根据有关方同意，也可以设置为 75mm，精度为 ±1mm，拉伸速度设为 50mm/min。电子织物强力机如图 2-3 所示。

四、夹持并测试

夹持试样的中心部位，确保试样的纵向中心线通过夹钳的中心线，并与夹钳钳口线垂直，使试样上的标记线与夹片的一边对齐。待上夹钳夹紧后，试样靠织物的自重下垂使其平置于下夹钳内，关闭下夹钳，夹持示意图见图 2-4。对于润湿试样，从液体中取出后，需要放在吸水纸上吸取多余的水分后，再进行测试。

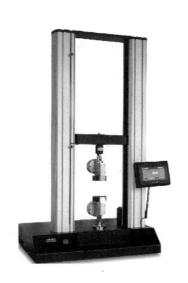

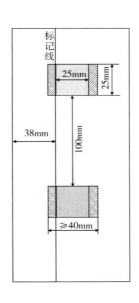

图 2-3　电子织物强力机　　　　图 2-4　夹持示意图

启动仪器，使可移动的夹持器移动，拉伸试样至断裂，记录断裂强力（N）。钳口断裂的处理——当试样在钳口线 5mm 以内断裂时，记为钳口断裂。对于 5 块试样，在完成试验后，若钳口断裂值大于最小的正常断裂值，可予以保留，反之则应舍弃，并另加试验以得到 5 个正常值。如出现的均为钳口断裂，或得不到 5 个正常值，则应报告单值，钳口断裂结果应在报告中说明。

想一想：回顾所学的织物拉伸性能（条样法）检测，你能说一说抓样法和条样法的区别吗？

五、结果处理

分别计算经纬向的断裂强力平均值（N），结果<100N 时，修约至 1N；100N ≤结果< 1000N，修约至 10N；结果≥1000N，修约至 100N。可根据需要计算断裂强力的变异系数，并修约至 0.1%。

看一看：扫描二维码，观看织物拉伸性能检测（抓样法）操作视频。

练一练：

（1）判断：在织物拉伸性能（抓样法）检测中，试样上下夹持的隔距只能是100mm。（　　）

（2）填空：试样的宽度为（　　　　），所画标记线应距试样一侧边部（　　　）平行于试样长度方向贯穿试样。

（3）简答：在织物拉伸性能检测中，出现钳口断裂时该如何处理？

学习任务2-2　织物撕破性能检测

织物撕破又叫撕裂，是指织物边缘受到集中负荷的作用而撕开的现象。织物在使用过程中，被尖锐物体钩挂、撕扯，局部纱线受力断裂，使织物形成条形或三角形裂口，也是一种撕裂现象。相比织物拉伸，撕破能反映其经整理后的脆化程度，更能反映其坚韧性能和耐用性，也更接近实际使用过程中突然破裂的情况。因此常用于帐篷、军服、吊床、雨伞等机织物以及经树脂整理、助剂或涂层整理后的织物耐用性评测。

目前我国对经树脂整理的棉型织物及毛型化纤纯纺或混纺的精梳织物要进行撕破强力试验，以评定织物经树脂整理后的耐用性或脆性。但撕破不适用于机织弹性织物、针织物及可能产生撕裂转移的经纬向差异大的织物和稀疏织物。

在织物撕破性能检测中，所用的标准和方法见表2-2。

表2-2　织物撕破性能检测标准和方法

序号	标准	方法
1	GB/T 3917.1—2009	纺织品 织物撕破性能 第1部分：冲击摆锤法撕破强力的测定
2	GB/T 3917.2—2009	纺织品 织物撕破性能 第2部分：裤形试样（单缝）撕破强力的测定
3	GB/T 3917.3—2009	纺织品 织物撕破性能 第3部分：梯形试样撕破强力的测定
4	GB/T 3917.4—2009	纺织品 织物撕破性能 第4部分：舌形试样（双缝）撕破强力的测定
5	GB/T 3917.5—2009	纺织品 织物撕破性能 第5部分：翼形试样（单缝）撕破强力的测定

与织物拉伸性能相同，撕破作为织物最基本的力学性能之一，在纺织材料检测课程中已有涉及并对冲击摆锤法进行具体的学习，在本学习任务中将对裤形试样、梯形试样和舌形试样三种方法进行学习。

一、取样

根据产品标准的规定或有关协议取样，如无要求可推荐采用表2-1的取样规定。从实验室样品上裁取试样如图2-5所示，试样不应有明显的疵点，并应避开折皱处、布边及织物上无代表性区域。

二、试样准备

按照 GB/T 6529—2008 规定的标准大气条件预调湿、调湿和试验。

每块实验室样品应裁取两组试样，一组为经向（纵向），一组为纬向（横向），每组应包含至少五块试样或合同规定的更多试样，试样的短边应与经向或纬向平行以保证撕裂沿切口进行，应注意每块试样不能包含同一长度或宽度方向的纱线，距布边 150mm 内不得取样。试样的尺寸如图 2-6 所示。

需要注意的是对于裤形试样（单缝），除了图 2-6 中（a）所示尺寸，还可以根据商议协定采用 200mm 宽的宽幅试样，或是在出现图 2-6 中（a）所示窄幅试样不适合或者测定特殊抗撕裂织物的撕破强力时采用宽幅试样，具体见表 2-3。

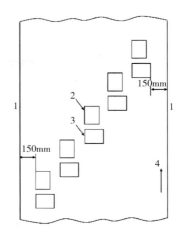

图 2-5　从实验室样品上剪取试样实例
（在梯形试样中并无明确如图所示的实例）
1—布边　2—纬向撕裂试样
3—经向撕裂试样　4—经向

表 2-3　裤形试样（单缝）宽幅试样

宽幅试样尺寸	（200 ± 2）mm（200 ± 2）mm（25 ± 1）mm（100 ± 1）mm撕裂终点　切口
第一类采用宽幅试样的情形	根据商议协定采用宽幅试样
第二类采用宽幅试样的情形	撕破时纱线从织物中滑移而非撕破、撕破不完全或撕裂未沿着施力的方向进行，此时试样应剔除，如出现五个试样中有三个或更多个被剔除，此时推荐使用宽幅试样
第三类采用宽幅试样的情形	某些特殊的抗撕裂织物，如松散织物、抗裂缝织物和用于技术应用方面的人造纤维抗撕裂织物（涂层或气袋），此时推荐使用宽幅试样。根据有关方的协议也可以选择其他宽度范围

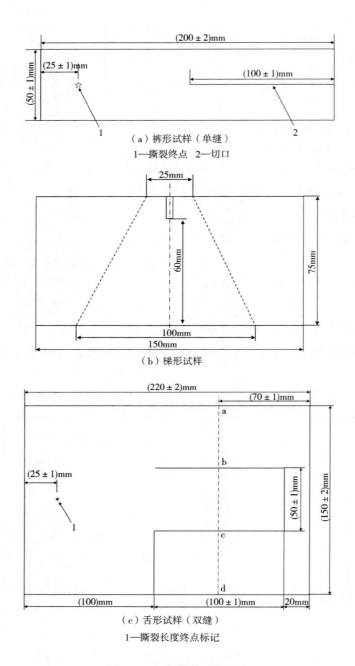

（a）裤形试样（单缝）

1—撕裂终点　2—切口

（b）梯形试样

（c）舌形试样（双缝）

1—撕裂长度终点标记

图2-6　织物撕破试样尺寸

三、仪器参数设置

在织物撕破裤形、梯形和舌形试样进行测试时，使用的仪器同织物拉伸，见图2-3所示，但需要更换相应的夹持部件。测试时相应的参数设置见表2-4。

表 2-4　三种试样下仪器的参数设置

方法	隔距长度（mm）	拉伸速度（mm/min）
裤形试样（单缝）	100	100
梯形试样	25	100
舌形试样（双缝）	100	100

注　对梯形试样还要选择适宜的负荷范围，确保撕破强力落为满量程的 10%～90%。

四、安装试样

对于裤形试样（单缝）撕破其试样安装如图 2-7（a）所示，不用预加张力。将试样的每条裤腿各夹入一只夹具中，并确保切割线与夹具的中心线对齐，试样的末切割端处于自由状态。需要注意的是要保证每条裤腿固定于夹具中，使撕裂开始时平行于切口且在撕力所施的方向上。宽幅试样安装如图 2-7（b）所示，用于夹持的每条裤腿从外面向内折叠平行并指向切口，使每条裤腿的夹持宽度是切口宽度的一半。

在梯形试样安装中，要沿梯形的不平行两边夹住试样（钳口与标志线重合），使得切口位于两夹钳中间，梯形短边保持拉紧，长边处于折皱状态。

舌形试样（双峰）安装如图 2-8 所示，不用预加张力。将试样的舌形部分夹在固定夹钳的中心且对称，使直线 bc 刚好可见，试样的两条腿则是对称的夹入移动夹钳中，使直线 ab、cd 刚好可见，并使试样的两条腿平行于撕力方向。需要注意的是，要保证每条舌形被固定于夹钳中能使撕裂开始时平行于撕力所施的方向。

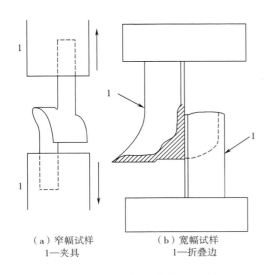

（a）窄幅试样　　　　（b）宽幅试样
1—夹具　　　　　　　1—折叠边

图 2-7　裤形试样（单缝）的夹持

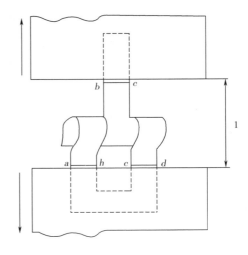

图 2-8　舌形试样（双缝）

1—隔距长度（安装试样过程中注意适当降低）

五、检测及有效性的判别

在试样安装完成后，启动仪器，进行撕破测试，并记录撕破强力（N）。对于梯形试样，如果撕裂不是沿切口线进行，不做记录。对于裤形试样（单缝）和舌形试样（双缝），如纱线未从织物中滑移、纱线未从夹钳中滑移且撕裂完全且撕裂是沿着施力方向进行，认定检测有效，否则结果应予以剔除。当出现五个试样中有三个或三个以上结果被剔除，则认为此方法不适用于该样品。如果在裤形试样（单缝）中，窄幅试样和宽幅试样都不能满足测试需求，可考虑采用舌形试样（双缝）或翼形试样。

舌形试样（双缝）如果撕裂不是沿着切口方向进行或纱线从试样中被拉出而不是被撕裂，则描述织物并未在施力方向上被撕裂。

六、结果的计算与表示

以牛顿为单位计算每个试验方向的撕破强力的算术平均值，保留两位有效数字，如只有三个或四个试样是正常撕破的，应另外分别注明每个试样的试验结果。计算变异系数时精确至 0.1%。

想一想：回顾所学织物撕破冲击摆锤法，说一说裤形试样（单缝）、梯形试样、舌形试样（双缝）与之相比的异同点。

看一看：扫描二维码，观看织物撕破性能检测（裤形试样）、织物撕破性能检测（梯形试样）、织物撕破性能检测（舌形试样）操作实施视频。

织物撕破性能
检测（裤形试样）

织物撕破性能
检测（梯形试样）

织物撕破性能
检测（舌形试样）

练一练：

（1）判断：在织物撕破强力测定中，隔距长度为 100mm，拉伸速度为 100mm/min。
（　　）

（2）填空：在织物撕破强力测定中被撕裂的是经纱，则所测的为（　　）向撕破，若撕裂的是纬纱，则所测的为（　　）向撕破。

（3）单选：在织物撕破强力测定中，对于下列说法正确的是（　　）。

A. 梯形试样测试时需要注意其负荷范围的选择，以确保撕破强力落在满量程的 15%～85%。

B. 在裤形试样（单缝）中，窄幅试样不适用时，可使用宽幅试样，这样即可确保测试完全符合所需。

C. 裤形试样（单缝）和舌形试样（双缝）两种情况下其隔距长度、拉伸速度设置相同。

D. 对于撕破强力测试结果，每个方向应分别计算其算术平均值，并保留三位有效数字。

（4）简答：在织物撕破强力测定中应如何判断测试的有效性？

学习任务 2-3　织物耐磨性能检测

织物在使用过程中，织物之间或与其他物质间反复摩擦，会逐渐磨损破坏，而织物耐磨性就是指织物抵抗这一磨损的特性。对于织物其磨损主要表现在下述五个方面：

（1）摩擦过程中纤维之间不断碰撞，纱线中的纤维片段因疲劳性损伤出现断裂，导致纱线的断裂。

（2）纤维从织物中抽出，造成纱线和织物结构的松散，反复作用下纤维可能完全被拉出，导致纱线变细，织物变薄，甚至解体。

（3）纤维被切割断裂，导致纱线的断裂。

（4）纤维表面磨损，纤维表层出现碎片丢失。

（5）摩擦产生高温，使纤维产生熔融或塑性变形，影响纤维的结构和力学性质。

磨损表现在织物的形态变化主要是破损、质量的损失、外观出现变色、起毛起球等变化。纺织产品的耐磨性能检测有多种方法，如平磨法、曲磨法、折边磨法和复合磨法等。马丁代尔法属于平磨法的一种，国际上几个具有影响力的标准化组织发布的织物耐磨性能检测均采用马丁代尔法方法标准。其中，欧盟标准、德国标准化学会标准和英国标准学会标准均等同采用国际标准化组织标准。美国材料协会标准 ASTMD 4966—2010《织物耐磨性测试 马丁代尔耐磨测试仪》包括耐磨性检测方法规定、马丁代尔耐磨测试仪及辅助材料的规定两部分内容，其中检测方法与国际标准化组织标准 ISO 12947.2~4 基本一致，在质量损失的测定和外观变化的评定方面与国际标准化组织标准 ISO 12947.3~4 略有不同，其在试验的终点条件以及检测结果表示上更加简化。

我国采用了国际标准化组织标准，并对其进行修改，检测方法基本上与国际标准化组织标准规定相同，只是标准的适用范围增加了涂层织物，并针对涂层织物的检测，增加相应的涂层织物破损规定、摩擦负荷参数、标准磨料和标准磨料更换要求。具体的系列标准见表 2-5。

表 2-5　马丁代尔法织物耐磨性测定标准

序号	标准
1	GB/T 21196.1—2007《纺织品 马丁代尔法织物耐磨性的测定 第 1 部分：马丁代尔耐磨试验仪》
2	GB/T 21196.2—2007《纺织品 马丁代尔法织物耐磨性的测定 第 2 部分：试样破损的测定》
3	GB/T 21196.3—2007《纺织品 马丁代尔法织物耐磨性的测定 第 3 部分：质量损失的测定》
4	GB/T 21196.4—2007《纺织品 马丁代尔法织物耐磨性的测定 第 4 部分：外观变化的评定》

一、取样

批量样品的数量按相应产品标准的规定或按有关各方商定抽取，也可按照 GB/T 2828.1—2012《计数抽样检验程序 第1部分：按接收质量限（AQL）检索的逐批检验抽样计划》规定抽取。应保证在抽样和试样准备整个过程中的拉伸应力尽可能小，以防止织物被不适当地拉伸。实验室样品选取应从批量样品中选取有代表性的样品，并取织物全幅宽。

二、试样准备

取样前将实验室样品在松弛状态下置于光滑的、空气流通的平面上，在 GB/T 6529—2008 规定的标准大气中放置至少 18h。

距布边至少 100mm，在整幅实验室样品上剪取足够数量的试样，一般至少三块，对于机织物，所选取的试样应包含不同的经纱或纬纱。对提花织物或花式组织的织物，应注意包含图案各部分的所有特征，保证试样中包括有可能对磨损敏感的花型部位，每个部分分别取样。试样及磨料尺寸如表 2-6 所示。

表 2-6　试样及磨料尺寸

标准	试样尺寸	磨料尺寸
GB/T 21196.2—2007	直径$38.0_0^{+0.5}$mm	直径或边长≥140mm
GB/T 21196.3—2007	直径$38.0_0^{+0.5}$mm	直径或边长≥140mm
GB/T 21196.4—2007	直径或边长≥140mm	直径$38.0_0^{+0.5}$mm

需要注意的是对于特殊织物，如弹性织物、灯芯绒和起绒织物其试样准备需特别处理。

看一看：扫描二维码，查看织物耐磨性能检测中弹性织物、灯芯绒和起绒织物应如何进行试样准备。

织物耐磨性能检测
（特殊织物试样准备）

三、试样的安装

在试样破损和质量损失的测定中，将试样夹具压紧螺母放在仪器台的安装装置上，试样摩擦面朝下，居中放在压紧螺母内，当试样的单位面积质量小于 $500g/m^2$ 时，将泡沫塑料衬垫放在试样上。将试样夹具嵌块放在压紧螺母内，再将试样夹具接套放上后拧紧。这一过程中应避免织物弄歪变形。

在外观变化的测定中，先移开试样夹具导板，将毛毡放在磨台上，再将试样测试面朝上放在毛毡上。然后将质量为（2.5±0.5）kg、直径为（120±10）mm 的重锤压在磨台上的毛毡和试样上面，再拧紧夹持环，固定毛毡和试样，取下加压重锤。

四、磨料的安装

与试样的安装相同，在试样破损和质量损失的测定中，磨料的安装也相同。先移开试样夹具导板，将毛毡放在磨台上，再把磨料放在毛毡上。放置磨料时，要使磨料织物的经纬向纱线平行于仪器台的边缘。将质量为（2.5±0.5）kg、直径为（120±10）mm 的重锤压在磨台上的毛毡和磨料上面，拧紧支持环，固定毛毡和磨料，取下加压重锤。

对于外观变化的测定，其磨料安装是将试样夹具压紧螺母放在仪器台的安装装置上，磨料摩擦面朝下，小心并居中放在压紧螺母内，接着将泡沫塑料衬垫放在其上，再将试样夹具嵌块放在压紧螺母内，并将试样夹具接套放上后拧紧。

在这一过程中要注意辅料的使用寿命，具体见表 2-7。

表 2-7　辅料的有效寿命

辅料名称	更换周期	标准
磨料	每次测试需更换新磨料。如在一次磨损测试中，羊毛标准磨料摩擦次数超过 50000 次，每 50000 次更换一次磨料；水砂纸标准磨料摩擦次数超过 6000 次，每 6000 次更换一次磨料	GB/T 21196.2—2007 GB/T 21196.3—2007
	每次更换新磨料	GB/T 21196.4—2007
毛毡	每次测试后，检查毛毡上的污点和磨损情况，如有污点或可见磨损，应更换毛毡，毛毡两面均可使用	GB/T 21196.2—2007 GB/T 21196.3—2007 GB/T 21196.4—2007
泡沫塑料	对使用泡沫塑料的磨损测试，每次测试使用一块新的泡沫塑料	GB/T 21196.2—2007 GB/T 21196.3—2007
	每次更换新泡沫塑料	GB/T 21196.4—2007

五、磨损测试

1. 试样破损

（1）启动仪器（图 2-9）对试样进行连续地摩擦，在达到预先设定的摩擦次数时，取下装有试样的试样夹具，不应损伤或弄外纱线，按照表 2-8 所述检查试样摩擦面内的破损迹象。

表 2-8　破损的判定

序号	破损的情形
1	机织物中至少两根独立的纱线完全断裂
2	针织物中一根纱线断裂造成外观上的一个破洞
3	起绒或割绒织物表面绒毛被磨损至露底或有绒簇脱落
4	非织造布上因摩擦造成的孔洞，其直径至少为 0.5mm
5	涂层织物的涂层部分被破坏至露出基布或有片状涂层脱落

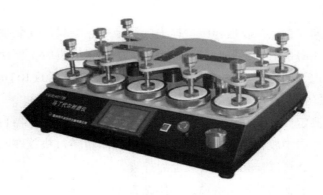

图 2-9　马丁代尔耐磨仪

对于熟悉的织物，试样预计耐磨次数的范围选择和设定检查间隔见表 2-9，对于不熟悉的织物，宜进行预测试，以每 2000 次摩擦为检查间隔，直至达到摩擦终点。

表 2-9　试样破损测试的检查间隔

试验系列	预计试样出现破损时的摩擦次数	检查间隔（次）
0	≤2000	200
a	>2000，且≤5000	1000
b	>5000，且≤20000	2000
c	>20000，且≤40000	5000
d	>40000	10000

注　①以确定破损的确切摩擦次数为目的的试验，当试验接近终点时，可减小间隔，直到终点。
　　②选择检查间隔应经有关方面同意。

（2）未出现破损，将试样夹具重新放在仪器上，开始进行下一个检查间隔的测试和评定，直到摩擦终点也即观察到试样破损。检查试样应用放大镜或显微镜。

（3）如摩擦次数超过磨料的有效寿命，每到有效寿命的临界次数，可根据需要或在较早阶段中断摩擦，更换新磨料。未到临界次数就中断时，取下装有试样的试样夹具应小心以避免损伤。更换新磨料后继续测试，直到所有试样达到规定的终点或破损。

如在测试中发现试样经摩擦后有起球现象，可继续测试或者剪掉球粒后再继续测试，并在报告中如实记录这一事实。

2. 质量损失

（1）根据试样预计破损的摩擦次数，按表 2-10 所示预先选择摩擦次数。

表 2-10　质量损失的检查间隔

试验系列	预计试样出现破损时的摩擦次数	在以下摩擦次数时测定质量损失
a	≤1000	100，250，500，750，1000，（1250）
b	>1000，且≤5000	500，750，1000，2500，5000，（7500）

试验系列	预计试样出现破损时的摩擦次数	在以下摩擦次数时测定质量损失
c	>5000，且≤10000	1000，2500，5000，7500，10000，（15000）
d	>10000，且≤25000	5000，7500，10000，15000，25000，（40000）
e	>25000，且≤50000	10000，15000，25000，40000，50000，（75000）
f	>50000，且≤100000	10000，25000，50000，75000，100000，（125000）
g	>100000	25000，50000，75000，100000，（125000）

（2）摩擦已知质量的试样直到所选择表2-10中规定的摩擦次数。从试样上取下加载块，然后小心地从仪器上取下试样夹具，检查试样表面是否有起毛或起球、起皱、起绒织物掉绒等异常变化，如有则舍弃该试样，当所有试样均出现这一变化，则停止测试。仅有个别出现异常，应重新取样测试，直至达到要求的试样数量。在报告中记录所观察到的异常现象及异常试样的数量。

（3）为了测量试样的质量损失，应小心地从仪器上取下试样夹具，用软刷除去两面的磨损材料（纤维碎屑），不要用手触摸试样，测量每个试样组件的质量，精确至1mg。

3. 外观变化

（1）根据达到规定的试样外观变化而期望的摩擦次数，选用表2-11所列的检查间隔。

表2-11　外观变化的检查间隔

试验系列	达到规定的表面外观期望的摩擦次数	检查间隔（摩擦次数）
a	≤48	16，以后为8
b	>48，且≤200	48，以后为16
c	>5000，且≤10000	100，以后为50

（2）预先设定摩擦次数，启动进行磨损测试，直至达到预先设定的摩擦次数。在每个间隔评定试样的外观变化。

（3）评定试样外观，要小心地取下装有磨料的试验夹具。从仪器的磨台上取下试样，评定表面变化。对于表面外观变化的评定主要是看试样表面是否出现变色、起毛、起球等。当还未达到规定的表面变化，重新安装试样和试样夹具，继续测试直到下一个检查间隔。并保证试样和试样夹具放在取下前的原位置。

（4）继续测试和评定，直至试样达到规定的表面状况。

（5）分别记录每个试样的结果，以还未达到规定的表面变化时的总摩擦次数作为测试结果，即耐磨次数。由于不同织物的表面状况可能不同，应在测试前就观察条件和表面外观达成协议，并在报告中记录。

六、结果与评价

1. 试样破损

测定每一个试样发生破损时的总摩擦次数，以试样破损前累积的摩擦次数作为耐磨次数。可根据需要，计算耐磨次数平均值及其置信区间，还可以按 GB/T 250—2008 评定试样摩擦区域的变色。

2. 质量损失

根据每一个试样测试前后的质量差异，求出质量损失。计算相同摩擦次数下各个试样的质量损失平均值，修约至整数。并根据需要可计算平均值的置信区间、标准偏差和变异系数，修约至小数点后一位。

当按照表 2-10 的摩擦次数完成测试后，根据各摩擦次数对应的平均质量损失作图，按下式计算耐磨指数。

$$A_i = \frac{n}{\Delta m} \qquad\qquad (2-1)$$

式中：A_i——耐磨指数，次/mg；

  n——总摩擦次数，次；

  Δm——试样在总摩擦次数下的质量损失，mg。

根据需要，可按 GB/T 250—2008 评定试样摩擦区域的变色。

3. 外观变化

确定每一个试样达到规定的表面变化时的摩擦次数或评定经协议摩擦次数摩擦后试样的外观变化。根据单值计算平均值，根据需要可计算平均值置信区间，还可根据需要按照 GB/T 250—2008 评定变色。

想一想：对比评述马丁代尔法织物耐磨性的测定试样破损、质量损失、外观变化的测试步骤。

看一看：扫描二维码，观看织物耐磨性能检测（马丁代尔法）操作实施视频。

练一练：

（1）判断：在马丁代尔法织物耐磨性检测中，试样尺寸为直径 38mm，磨料尺寸为直径 140mm。（ ）

织物耐磨性能检测
（马丁代尔法）

（2）填空：标准中对各类织物的试样破损即摩擦终点作了相关规定。机织物中至少（ ）独立的纱线断裂；针织物中（ ）纱线断裂造成外观上的一个破洞；起绒或割绒织物表面（ ）被磨损至露底或有绒簇脱落；非织造布上因摩擦造成的孔洞，其直径至少为（ ）；涂层织物的（ ）部分被破坏至露出基布或有片状涂层脱落。

（3）简答：GB/T 21196.2—2007、GB/T 21196.3—2007、GB/T 21196.4—2007 分别通过什么指标来表征织物的耐磨性能？

学习任务 2-4　纺织品顶破强力的测定

织物在使用过程中，在一垂直于其平面的负荷作用下，出现顶起或鼓起扩张，而使得织物最终破裂的现象称为顶破或胀破。如服装在人体肘部、膝部受力，手套、袜子、鞋面在手指或脚趾反复弯曲处受力，均是一种顶破现象。在检测中，主要以球形顶杆垂直于试样平面的方向顶压试样，直至其破坏的过程中测得的最大力，也即顶破强力来评测织物的顶破性能。在国标体系中，使用的标准为 GB/T 19976—2005《纺织品 顶破强力的测定 钢球法》。

一、取样

试样应具有代表性，试验区域应避免折叠、折皱，并避开布边。试样尺寸应满足大于环形夹持装置面积，试样数量至少取 5 块。图 2-10 给出裁剪试样的示例。如果使用的夹持系统不需要裁剪试样即可试验，可以不裁成小试样，但应在样品的不同部位进行测试，并至少获得 5 个测试值。需要润湿试验的试样应裁剪。

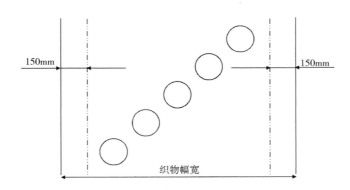

图 2-10　样品上剪取试样示例

二、试样准备

按照 GB/T 6529—2008 的要求应先对试样进行预调湿和调湿。对于湿态试验，试样不要求预调湿和调湿，但应浸入温度（20±2）℃［或（23±2）℃、（27±2）℃］的水中，使试样完全润湿。为使试样完全润湿，也可以在水中加入超过 0.05% 的非离子中性润湿剂。

三、安装顶破装置

选择直径为 25mm 或 38mm 的球形顶杆。将球形顶杆和夹持器安装在试验机上，保证环形夹持器的中心在顶杆的轴心线上。

图 2-11　弹子顶破强力机

四、仪器参数设定

选择力的量程使输出值在满量程的 10% ~ 90% 之间。设定速度为（300±10）mm/min。

五、夹持和测试

将试样反面朝向顶杆，保证试样平整、无张力、无折皱的夹持在夹持器上。

启动（图 2-11），直至试样被顶破，记录其最大值作为该试样的顶破强力，以牛顿（N）为单位。测试过程中如出现纱线从环形夹持器中滑出或试样滑脱，对应结果应予以舍弃。

对于润湿试验，将试样从液体中取出，放在吸水纸上吸去多余的水后，立即进行测试。

六、结果处理

计算顶破强力的平均值，以牛顿（N）为单位，结果修约至整数位。可根据需要，计算顶破强力的变异系数 CV 值，修约至 0.1%。

想一想：对于织物拉伸性能测试和织物顶破强力测试，在织物适用性上有何区别？

看一看：扫描二维码，观看纺织品顶破强力的测定（钢球法）操作视频。

纺织品顶破强力的
测定（钢球法）

练一练：

（1）判断：在织物顶破强力测试中，对于试样尺寸没有具体规定，只要满足大于环形夹持装置面积即可。（　　　）

（2）填空：顶破强力是指以球形顶杆（　　　）试样平面的方向顶压试样，直至其破坏的过程中测得的最大力，球形顶杆尺寸有直径（　　　）和（　　　）两种。

学习任务 2-5　织物胀破性能检测

胀破性能测试适用于各种织物，特别适合于降落伞、滤尘袋、消防水管带等。用以评判织物胀破性能的指标主要有胀破压力、胀破强力和胀破高度。胀破压力是指施加于与下垫膜片夹持在一起的试样上，直至试样破裂的最大压力，单位为千帕（kPa）。胀破强力是指试样平均胀破压力减去膜片压力得到的压力。胀破高度是指膨胀前试样的上表面与在胀破压力下试样的顶部之间的距离，单位为毫米（mm）。织物胀破性能测试使用的标准为

GB/T 7742.1—2005《纺织品 织物胀破性能 第 1 部分：胀破强力和胀破扩张度的测定 液压法》、GB/T 7742.2—2015《纺织品 织物胀破性能 第 2 部分：胀破强力和胀破扩张度的测定 气压法》。

在织物胀破性能测试中，取样规则、预调湿和调湿与学习任务 2-4 织物顶破性能测试相同。对于湿态试验，需要将试样放在温度（20±2）℃、符合 GB/T 6682—2008 的三级水中浸渍 1h，热带地区温度可选用（27±2）℃，还可以用每升不超过 1g 的非离子润湿剂的水溶液代替三级水。浸渍后的试样从液体中取出，放在吸水纸上吸去多余的水后以备进行胀破性能测试。

一、仪器参数设定

测试的试验面积应使用 50cm²，如这一面积在现有设备上不适用，或由于织物具有较大或较小的延伸性能，或有多方协议的其他要求，可使用 100cm²、10cm²、7.3cm² 等其他面积。

（a）液压法　　　　　　　　　（b）气压法

图 2-12　电子胀破强度仪

对于液压法，仪器如图 2-12（a）所示，设置恒定的体积增长速率在 100～500cm³/min，精度在 ±10%，亦可以进行预试验，调整试验的胀破时间在（20±5）s。

对于气压法，仪器如图 2-12（b）所示，调节胀破仪的控制阀（可能需要进行预试验来进行准确设置），使得胀破时间在（20±5）s。

二、测试

1. 胀破压力的测定

将试样放置在膜片上，使其处于平整无张力状态，并避免在平面内出现变形。用夹持环夹紧试样的同时要避免损伤，以防止在试验中滑移。将扩胀度记录装置调整到零位，根据仪器的要求在液压法中为拧紧安全盖，在气压法则是固定安全罩。对试样施加压力，直到其破坏。

试样破坏后，在液压法中记录胀破压力、胀破高度或胀破体积，在气压法中要关闭主气控制阀，记录胀破压力和胀破高度。当出现试样的破坏接近夹持环的边缘，应报告这一事实。在气压法中如果试样在夹持线 2mm 以内发生破裂时，应舍弃相应的试验结果。要在织物的不同部位重复试验，达到至少 5 个试验数量。可根据意向增加试验数量。

2. 膜片压力的测定

采用与胀破压力测定相同的试验面积、体积增长速率或胀破时间，在没有试样的条件下，膨胀膜片，直至达到有试样时的平均胀破高度或平均胀破体积，以此胀破压力作为膜片压力。

 想一想：对比织物胀破强力测试和顶破强力测试，说一说两者的区别。

三、结果处理

1. 胀破强力

计算胀破压力的平均值，以千帕（kPa）为单位，再从该值中减去膜片压力，即得到胀破强力，结果应修约至三位有效数字。

2. 胀破高度

计算胀破高度的平均值，以毫米（mm）为单位，结果要修约至两位有效数字。如有需要，计算胀破压力和胀破高度的变异系数和 95% 的置信区间，修约变异系数值至最近的 0.1%，置信区间与平均值的有效数字相同。在液压法中还可计算胀破体积的平均值，以立方厘米（cm^3）为单位，结果要修约至三位有效数字。

看一看：扫描二维码，观看织物胀破性能检测液压法和气压法操作视频。

织物胀破性能检测（液压法）　　　　织物胀破性能检测（气压法）

练一练：

（1）判断：在织物胀破性能液压法测定中，胀破时间应控制在（20±5）s。（　　　）

（2）填空：在织物胀破性能测试中，应先测试(　　　)，再测试(　　　)。

（3）简答：对比阐述织物胀破性能检测中，液压法和气压法的区别。

学习任务 2-6　织物及其制品的接缝拉伸性能检测

纺织服装产品制作与生产过程中大量应用接缝，接缝的质量也会影响到产品的实际使用。对于接缝主要测试接缝拉伸性能和接缝处纱线抗滑移两大部分。在这一学习任务中主要学习织物及其制品的接缝拉伸性能检测，表征的指标是接缝强力，其含义是指在规定条件下，对含有一接缝的试样施以与接缝垂直方向的拉伸，直至接缝破坏所记录的最大的力。在测定中使用的标准和方法为 GB/T 13773.1—2008《纺织品 织物及其制品的接缝拉伸性能 第 1 部分：条样法接缝强力的测定》和 GB/T 13773.2—2008《纺织品 织物及其制品的接缝拉伸性能 第 2 部分：抓样法接缝强力的测定》。

一、取样

在试验前进行缝合，试样应具有代表性，要避开折皱、布边。从已缝合好的制品上取样时，应保证试样只包含测试方向上的一条直线缝迹，所取得缝迹具有其制品缝迹类型的代表性。预调湿、调湿和试验用大气按照 GB/T 6529—2008 的要求进行。

二、接缝样品和试样的制备

在条样法中，裁取一块尺寸宽为 350mm，长至少 700mm 的织物试样，将试样对折，折痕平行于试样的长度方向，按确定的缝制条件缝合试样。按照有关方的协议，可以缝制平行于经纱和（或）纬纱的试样。抓样法只需将尺寸改为宽 250mm 长至少 700mm 即可，其他相同。

从每个含有接缝的实验室样品中剪取至少 5 块宽度为 100 mm 的试样，需要注意不应在距两端 100mm 内取样，如图 2-13 所示。

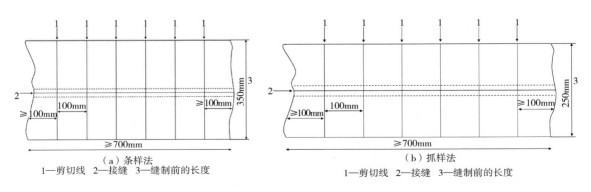

（a）条样法　　　　　　　　　　　　　（b）抓样法
1—剪切线　2—接缝　3—缝制前的长度　　　　1—剪切线　2—接缝　3—缝制前的长度

图 2-13　接缝样品和试样示意图

在条样法中，将试样在距离缝迹 10mm 处剪切掉 4 个角（图 2-14 中所示四个阴影部分），其宽度为 25mm，得到有效试样宽度为 50mm。在距缝迹 10mm 的区域内，整个宽度为

100mm，用于试验的接缝试样形状如图2-15所示。

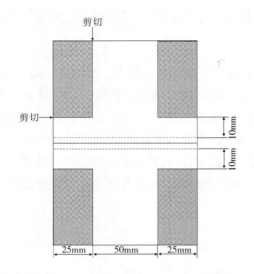

图2-14　接缝试样预备样示意图
（条样法）

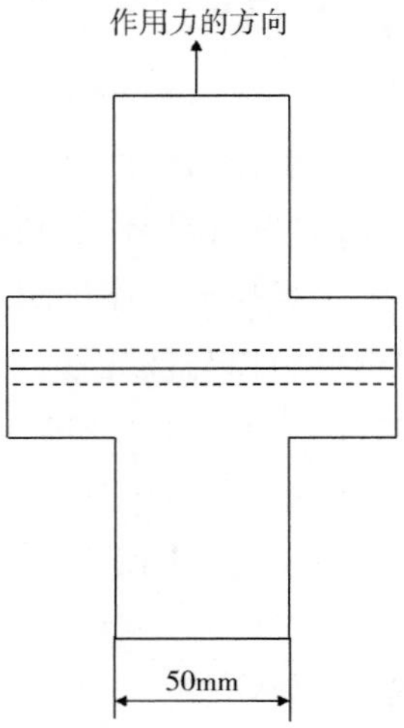

图2-15　试验用接缝试样示意图
（条样法）

在抓样法中，在每一块试样上，距长度方向的一边38mm处画一条平行于该边的直线，见图2-16。

三、仪器参数设定

试验使用电子织物强力机，如图2-3所示，但需要更换使用相对应的夹具。对于条样法，其隔距长度设置为（200±1）mm，拉伸速度设置为100mm/min。抓样法其隔距长度设置为（100±1）mm，拉伸速度设置为50mm/min。

四、测试

（一）条样法

将试样夹持在上夹钳中，应确保试样长度方向的中心线与夹钳的中心线重合，且与试样的接缝垂直，接缝处于两夹钳距离的中间位置。夹紧上夹钳，试样在自重下悬挂，使其平直置于下夹钳中，夹紧下夹钳。如图2-17（a）所示。

启动仪器直至试样破坏，记录最大力（N），并记录接缝试样破坏的原因（表2-12）。

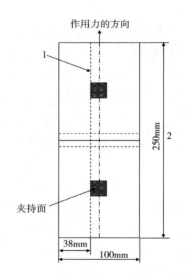

图2-16　试验用接缝试样及夹持面示意图
（抓样法）
1—夹持标记线　2—缝制前的长度

（二）抓样法

夹持试样的中间部位，确保试样长度方向的中心线通过夹钳的中心线，与夹钳的钳口线垂直，并使试样的上标记线对齐夹片的一边，接缝处于上下夹钳距离的中间位置上。夹紧上夹钳，试样在自重下悬挂，使其平直置于下夹钳中，夹紧下夹钳。如图 2-17（b）所示。

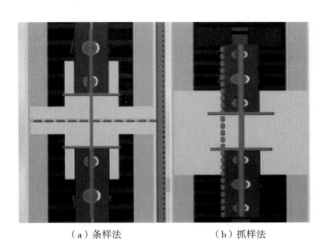

（a）条样法　　　　　　　　（b）抓样法

图 2-17　试样夹持示意图

启动仪器直至试样破坏，记录最大力（N），并记录接缝试样破坏的原因（表 2-12）。

表 2-12　接缝试样破坏的原因

序号	破坏的原因	备注
1	织物断裂	由 1 或 2 引起破坏时，需将结果剔除，重新取样继续进行试验，直至保证得到 5 个接缝破坏的结果。但如果所有的破坏均是 1 或 2 引起，则报告单个结果，不报告变异系数或置信区间。并在报告中注明试验结果为 1 或 2，提请有关各方讨论试验结果
2	织物在钳口处断裂	
3	织物在接缝处断裂	
4	缝纫线断裂	
5	纱线滑移	
6	上述 1~5 中的任意组合	

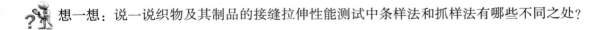想一想：说一说织物及其制品的接缝拉伸性能测试中条样法和抓样法有哪些不同之处？

五、结果计算及表示

对接缝破坏符合表 2-12 中 3 和 4 的试样，分别计算每个方向的接缝强力的平均值，以牛顿（N）表示。结果 <100N 时，修约至 1N；100N ≤ 结果 <1000N，修约至 10N；结果 ≥ 1000N，修约至 100N。如有要求，可计算变异系数，修约至 0.1%，计算 95% 的置信区间，

修约至与平均值相同的位数。

看一看：扫描二维码，观看织物及其制品的接缝拉伸性能条样法接缝强力的测定、织物及其制品的接缝拉伸性能抓样法接缝强力的测定操作实施视频。

织物及其制品的接缝拉伸　　　　　　织物及其制品的接缝拉伸
性能条样法接缝强力的测定　　　　　性能抓样法接缝强力的测定

练一练：

（1）判断：在织物接缝拉伸条样法接缝强力测试中，拉伸速度应设置为 50mm/min，隔距长度设置为（200±1）mm。（　　　）

（2）填空：在织物接缝强力数据及结果处理时，由织物断裂或织物在钳口处断裂引起的试样破坏，其结果应(　　　)。

（3）简答：织物及其制品的接缝拉伸性能会对产品的日常使用造成什么影响？

学习任务 2-7　机织物接缝处纱线抗滑移的测定

织物接缝滑移，也称纰裂程度。它是指织物经接缝后，缝纫处的纱线抵抗外在拉力的能力，是衡量织物接缝性能的一个重要指标。通常以织物中纱线滑移后形成的缝隙的最大距离也即滑移量和滑移阻力来表征。机织物接缝处纱线抗滑移性测试与机织物加工成服装后服装产品中关于纰裂的测试，两者本质一样。服装纰裂是指服装在使用过程中因受到外力拉伸或摩擦，或与外力的混合作用时，织物经纱与纬纱产生相对滑移，造成纱线之间间隔增大，纱线密度减小，缝口脱开的现象。如果出现纰裂，将会影响产品的使用效果、使用寿命及产品的信誉等。

用于机织物接缝处纱线抗滑移测定方法有定滑移量法、定负荷法、针夹法和摩擦法四种，这一学习任务中主要学习 GB/T 13772.1—2008《纺织品 机织物接缝处纱线抗滑移的测定 第 1 部分：定滑移量法》和 GB/T 13773.2—2018《纺织品 机织物接缝处纱线抗滑移的测定 第 2 部分：定负荷法》。

一、取样

取样要求及剪取试样示例参见表 2-1 和图 2-1。预调湿、调湿和试验用标准大气按 GB/T

6529—2008 的规定。如果需要对样品进行水洗或干洗预处理，可与有关方商定采用的方法，如 GB/T 19981.2—2014 和 GB/T 8629—2017 中给出的程序。

二、试样准备

（一）定滑移量法

取 5 经 5 纬，尺寸为 400mm × 100mm，经纱（纬纱）滑移试样的长度方向平行于纬纱（经纱），用于测定经纱（纬纱）滑移。试样正面朝内折叠 110mm，折痕平行于宽度方向。在距折痕 20mm 处缝一条锁式缝迹，沿长度方向距布边 38mm 处划一条与长边平行的标记线，以保证对缝合试样和未缝合试样进行试验时夹持对齐同一纱线。在折痕端距离缝迹线 12mm 处剪开试样，两层织物的缝合余量应相同。将缝合好的试样沿着宽度方向距折痕 110mm 处剪成两段，一段包含接缝，另一段不含接缝，其长度为 180mm。见图 2-18。

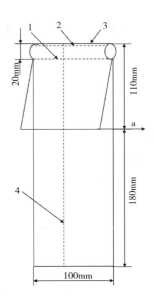

图 2-18 试样的准备（定滑移量法）
1—缝迹线（距折痕 20mm）
2—剪切线（距缝迹线 12mm） 3—折痕线
4—标记线（距布边 38mm） a—裁样方向

（二）定负荷法

取 5 经 5 纬，尺寸为 200mm×100mm，试样正面朝内对折，折痕平行于宽度方向，在距折痕 20mm 处缝制一条直形缝迹，缝迹平行于折痕线。在折痕端距缝迹线 12mm 处剪开试样，两层织物的缝合余量应相同，见图 2-19。

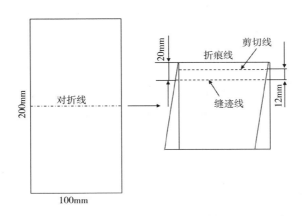

图 2-19 试样的准备（定负荷法）

三、仪器参数设定

试验使用电子织物强力机，如图 2-3 所示，但应根据实际所需更换使用对应的夹具。拉伸速度设定为 50mm/min，隔距长度设定为 100mm。

四、夹持和测试

抓样试验夹持试样的尺寸应为（25±1）mm×（25±1）mm。夹持线与拉力线垂直，夹持面在同一平面上。夹面应能夹持试样而不使其打滑，夹面应平整，不剪切试样或破坏试样。如平整夹持面不能防止试样的滑移时，应采用其他形式的夹持器，夹面上可使用适当的衬垫材料。

（一）定滑移量法

先夹持不含接缝试样，使试样长度方向的中心线与夹持器的中心线重合；启动仪器，直至负荷达到 200N；再夹持含接缝试样，保证试样的接缝位于两夹持器中间且平行于夹面，启动仪器，直至负荷达到 200N。记录测量结果。重复这一过程，直至测出 5 对经纱滑移和 5 对纬纱滑移试样的结果。

（二）定负荷法

夹持试样时保证试样的接缝位于两夹持器中间且平行于夹持线。以 50mm/min 的拉伸速度缓慢增大施加试样上的负荷至合适的定负荷值。定负荷值的选取参见表 2-13。

表 2-13　负荷值的选取

织物分类		定负荷值（N）
服用织物[a]	≤55g/m²	45
	≤220g/m²，且>55g/m²	60
	>220g/m²	120
装饰用织物		180

[a] 67 g/m²以上缎类丝绸织物定负荷（45±1.0）N。

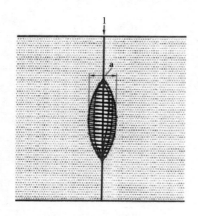

图 2-20　滑移量的测定

1—接缝　a—滑移量

达到定负荷值，固定夹持器不动，以（50±5）mm/min 的速度将施加在试样上的拉力减至 5N。立即测量缝迹两边最大宽度值也即滑移量，精确至 1mm。也就是测量缝隙两边未受到破坏作用的织物边纱的垂直距离，见图 2-20。

五、结果处理

在定滑移量法中，由测量结果分别计算得到经（纬）纱平均滑移阻力，修约至最接近的 1N。当出现拉伸力在 200N 或低于 200N 时，试样未产生规定的滑移量，记录结果为">200N"。当拉伸力在 200N 以内，试样或接缝出现断裂，导致无法测定滑移量，则报告中注明"织物断裂"

或"接缝断裂"，并报告此时所施加的拉伸力值。

在定负荷法中，由滑移量测量结果计算经（纬）纱滑移的平均值，修约至最接近的1mm。当出现在达到定负荷前，由于织物或接缝受到破坏，或织物撕破、纱线滑脱而导致无法测定滑移量，则报告中注明"织物断裂""接缝断裂""织物撕破"或"纱线滑脱"等，并报告此时所施加的拉伸力值。

 看一看：扫描二维码，观看机织物接缝处纱线抗滑移的测定（定滑移量法）、机织物接缝处纱线抗滑移的测定（定负荷法）操作视频。

机织物接缝处纱线抗滑移的测定	机织物接缝处纱线抗滑移的测定
（定滑移量法）	（定负荷法）

 练一练：

（1）判断：定滑移量法机织物接缝处纱线抗滑移测试中，设置拉伸速度为（50±5）mm／min，隔距长度为100mm。（　　　）

（2）填空：定负荷法测定机织物接缝处纱线抗滑移时，由滑移量测量结果计算经纱、纬纱滑移的平均值，结果修约至最接近的（　　　）。

（3）简答：简述机织物接缝处纱线抗滑移的测定，定滑移量法和定负荷法的区别。

学习情境 3　织物保形性能检测

学习目标

1. 能够说出织物保形性能检测的主要项目及对应评测指标；
2. 能够查阅相关织物保形性能检测项目标准；
3. 通过对应学习任务辅以在线课程的学习，能够使用仪器实施具体织物保形性能项目检测；
4. 能够针对具体的织物保形性能检测项目填写检测报告。

学习任务 3-1　织物经洗涤后外观平整度检测

纺织服装产品使用后在洗涤过程中，受到自身材料性能、机械外力、洗护产品等影响，外观形态会受到一定程度的影响，从而降低了产品的美观性和服用性能。对于织物洗涤后的外观评价指标通常有洗后外观平整度、褶裥外观平整度和接缝外观平整度。其中洗涤后外观平整度直接体现了纺织服装整体的抗皱性能，成为服装设计、抗皱整理效果、洗涤设备程序设定及洗涤剂效力等的有效评价指标。

织物经洗涤后外观平整度检测依据的标准为 GB/T 13769—2009《纺织品 评定织物经洗涤后外观平整度的试验方法》，是将织物试样经受模拟洗涤操作的程序一次或几次后，评定织物其原有外观平整度保持性的试验方法。

一、取样

对于织物类产品，试样应具有代表性。在距布匹端 1m 以上取样。每块试样包含不同长度和宽度上的纱线。裁样之前标出试样的长度方向，适体筒径圆机加工的针织物应使用其筒状，无缝或织可穿的圆形针织物宜作为服装测试。筒状针织物宜裁开并使用平坦的单层状态。

二、试样准备

按照 GB/T 6529—2008 的要求应先对试样进行预调湿和调湿，试样在松弛状态下至少调湿 24h，在湿润状态下进行检测的试样则无须预调湿和调湿。

按平行于样品长度方向裁剪三块试样，每块试样尺寸为 38cm×38cm，试样边缘剪成锯齿形以防止散边，并标明其长度方向，见图 3-1。

三、洗涤程序

按照 GB/T 8629—2017《纺织品 试验用家庭洗涤和干燥程序》或纺织品 织物和服装的专业维护、干洗和湿洗系列国家标准规定的洗涤程序之一处理每块试样。如需要，可将选定的程序重复四次，总计循环五次，洗涤设备如图 3-2 所示。将试样按照 GB/T 6529—2017 规定的标准大气调湿最少 4h，最多 24h，沿长度方向无折叠地垂直悬挂，避免其变形。

38cm × 38cm

长度方向标记

图 3-1　裁剪的试样形态　　　　图 3-2　全自动缩水率试验机

四、评级

三名观测者应各自独立地对每块经过洗涤的试样评定级数。

（1）将试样沿长度方向垂直放置在观测板上，在试样的两侧各放置一块外观与之相似的外观平整度立体标准样板（图 3-3），以便比较评级。悬挂式荧光灯应为观测板的唯一光源，关闭室内其他灯。建议将侧墙漆成黑色，或者在观测板的两侧挂上黑色的布帘，以消除反射光线影响。观测设备如图 3-4 所示。

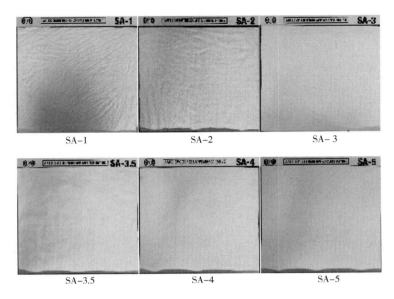

SA-1　　　　　　SA-2　　　　　　SA-3

SA-3.5　　　　　SA-4　　　　　　SA-5

图 3-3　外观平整度立体标准样板

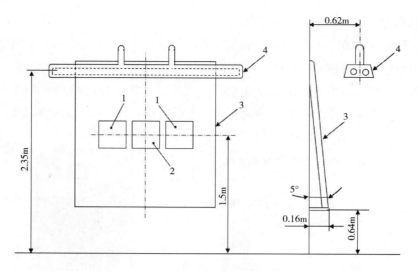

图 3-4　试样观测设备

1—外观平整度立体标准样板　2—试样　3—观测板　4—荧光灯安装示范。

（2）观测者应站在试样的正前方，距离观测板 1.2m，在视平线上下 1.5m 内观测，确定与试样外观最相似的外观平整度立体标准样照等级，当试样的外观平整度处于标准样板两个整数等级的中间而无半个等级的标准样板时，可用两个整数级之间的中间等级表示。SA-5 级相当于标准样板 SA-5，表示外观最平整，原有外观平整度保持性最佳。SA-1 级相当于标准样板 SA-1，表示外观最不平整，原有外观平整度保持性最差。对于外观平整度等级描述具体见表 3-1。

表 3-1　织物平整度等级

等级	外观	等级	外观
SA-5	相当于标准样板 SA-5	2.5	标准样板 SA-2 和 SA-3 的中间
4.5	标准样板 SA-4 和 SA-5 的中间	SA-2	相当于标准样板 SA-2
SA-4	相当于标准样板 SA-4	1.5	标准样板 SA-1 和 SA-2 中间
SA-3.5	相当于标准样板 SA-3.5	SA-1	相当或差于标准样板 SA-1
SA-3	相当于标准样板 SA-3		

（3）完成一块试样的评级后，如上对另外两块试样的级数进行评定。

五、结果

将三名观测者对一组三块试样评定的九个级数值取平均，并修约到最接近的半级。

练一练：

（1）判断：某织物经评级后的最终结果为 4.5 级，认为其外观平整度较差。（　　　）

（2）填空：织物经洗涤后外观平整度检测中，取样的尺寸为（　　），试样边缘应剪成（　　）。

（3）填空：（　　）名观测者对（　　）组（　　）块试样评定的（　　）个级数值予以平均，计算结果修约至最接近的半级。

学习任务 3-2　织物洗涤和干燥后尺寸变化检测

织物在常温的水中浸渍或洗涤干燥后，其长度和宽度的收缩程度称为缩水性。织物缩水是因为纤维吸湿后膨胀的各向异性和其滞后性，吸湿纤维织造的织物，除了羊毛织物为湿膨胀之外，均会出现缩水，进而影响到织物后续最终成品的加工制取和穿着使用。可以用织物在长度和宽度方向上的尺寸变化率来表征其缩水性能。

织物洗涤和干燥后尺寸变化依据的标准为 GB/T 8630—2013《纺织品 洗涤和干燥后尺寸变化的测定》，将试样在洗涤和干燥前，在规定大气条件下调湿后，测量其尺寸，然后经洗涤和干燥后，再次调湿测量其尺寸，并计算出尺寸变化率。

一、取样
参照学习任务 3-1 中的取样部分。

二、试样准备
按照 GB/T 8628—2013《纺织品 测定尺寸变化的试验中织物试样和服装的准备、标记及测量》中的规定裁剪试样。每块至少 500mm×500mm，各边分别与织物长度和宽度方向平行。如果幅宽小于 650mm，可采取全幅试样进行试验。对于较大长度和宽度的纺织制品，按照 GB/T 4666—2009 进行测量。如果织物在试验中存在脱散的可能，应使用尺寸稳定的缝线对试样锁边。每个样品尽可能取 3 个试样，样品不足时，每个样品可试验 1 个或 2 个试样。

按照 GB/T 6529—2008 的要求对试样进行预调湿和调湿，试样在松弛状态下至少调湿 4h 或达到恒重，在湿润状态下进行检测的试样则无需预调湿和调湿。

将试样放在平滑测量台上，在试样的长度和宽度方向上，至少各做三对标记。每对标记点之间的距离至少 350mm，标记距离试样边缘应不小于 50mm，标记在试样上的分布应均匀，参见图 3-5。如果样品幅宽不足 500mm，可采

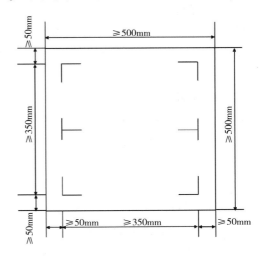

图 3-5　织物试样的标记

用图 3-6 的方法进行标记。

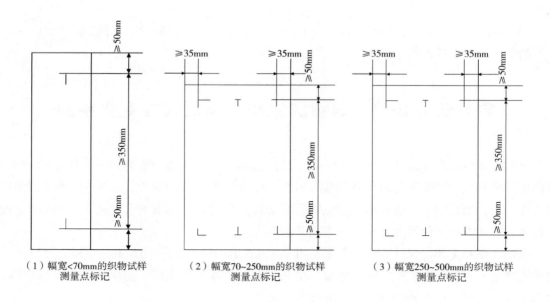

（1）幅宽<70mm的织物试样　　（2）幅宽70~250mm的织物试样　　（3）幅宽250~500mm的织物试样
　　　　测量点标记　　　　　　　　　　测量点标记　　　　　　　　　　　测量点标记

图 3-6　窄幅织物的测量点标记

三、尺寸测量

将试样平放在足以放置整个试样的平滑测试台上，轻轻抚平折皱，避免扭曲试样，将量尺放在试样上，测量两标记点间的距离，记录精确至 1mm。然后将试样放入洗涤设备等待洗涤处理。洗涤和干燥后的试样尺寸其测量过程与洗涤前相同。

四、洗涤程序

按照相关方的协商约定，使用 GB/T 8629—2017 中规定的一种程序洗涤和干燥试样，洗涤设备见图 3-2。试样洗涤和干燥后，调湿试样，再测量试样标记点之间距离。

五、结果处理

按照式 3-1 分别计算试样长度方向和宽度方向上的尺寸变化率。

$$D = \frac{x_t - x_0}{x_0} \times 100\% \qquad (3-1)$$

式中：D——水洗尺寸变化率；

　　x_0——试样的初始尺寸，mm；

　　x_t——试样处理后的尺寸，mm。

分别记录每对标记点的测量值，并计算尺寸变化量相对于初始尺寸的百分数。尺寸变化率的平均值修约至 0.1%，以负号（−）表示尺寸减小（收缩），正号（+）表示尺寸增大

（伸长）。

想一想：为什么织物经洗涤和干燥后，其尺寸变化可能是负值也可能是正值。

看一看：扫描二维码，观看织物洗涤和干燥后尺寸变化的测定操作视频。

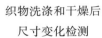织物洗涤和干燥后尺寸变化检测

练一练：

（1）判断：纺织品洗涤和干燥后尺寸变化取样以后，在试样长度和宽度方向上，应至少各做三对标记。（　　）

（2）填空：纺织物洗涤和干燥后尺寸变化的测定中，取样的尺寸至少为（　　），最好取（　　）块样品，每对标记点之间的距离最少（　　）。

（3）填空：试样测得的结果为（　　），表示尺寸（　　），反之表示（　　）。

学习任务 3-3　织物经洗涤后褶裥外观检测

褶裥通常是织物经过熨烫而形成。纺织服装产品上通常会运用一些褶裥来达到特殊的纹理效果，比如裙、裤、装饰用织物等。褶裥经洗涤后经久保形的程度称为褶裥保持性。

对于织物经洗涤后褶裥外观检测依据的标准为 GB/T 13770—2009《纺织品 评定织物经洗涤后褶裥外观的试验方法》，其规定了一种评定织物经一次或几次洗涤处理后其压烫褶裥保持性的试验方法。由织物特性决定的镶嵌式褶裥不包括在内。

一、取样

参照学习任务 3-1 中的取样部分。

二、试样准备

准备三块试样，每块试样尺寸为 38cm×38cm，中间有一条贯穿的褶裥，边缘剪成锯齿形以防止散边。如果织物上有褶皱，可在试验前适当熨平，应小心操作，避免影响褶裥质量。

三、洗涤程序

按照 GB/T 8629—2017《纺织品 试验用家庭洗涤和干燥程序》或纺织品 织物和服装的专业维护、干洗和湿洗系列国家标准规定的洗涤程序之一处理每块试样。如需要，可将选定的程序重复四次，总计循环五次。将试样按照 GB/T 6529—2017 规定的标准大气调湿最少 4h，最多 24h。夹住试样的两个角或使用全宽夹持器悬挂每块试样，使褶裥保持垂直。洗涤设备同图 3-2。

四、评级

三名观测者应各自独立地对每块经过洗涤的试样评定级数。将试样沿褶裥方向垂直放置在观测板上,注意不要使褶裥变形,在试样的两侧各放置一块与之外观相似的褶裥外观立体标准样板(图3-7),以便比较评级(表3-2)。左侧放1级、3级或5级,右侧放2级、4级。

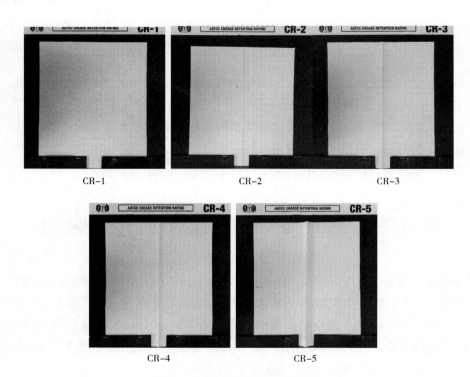

图3-7 褶裥外观立体标准样板

表3-2 外观褶裥等级

等级	外观	等级	外观
5	相当于标准样板 CR-5	2.5	标准样板 CR-2 和 CR-3 的中间
4.5	标准样板 CR-4 和 CR-5 的中间	2	相当于标准样板 CR-2
4	相当于标准样板 CR-4	1.5	标准样板 CR-1 和 CR-2 的中间
3.5	标准样板 CR-3 和 CR-4 的中间	1	相当或低于标准样板 CR-1
3	相当于标准样板 CR-3		

观测者应站在试样的正前方,离观测板1.2m处,一般认为,观测者在视平线上下1.5m内观察对评级结果无显著影响。将试样与褶裥外观立体标准样板相比较,确定与试样外观最相似的褶裥外观立体标准样板等级,或确定整数级之间的中间等级。

完成一块试样的评级后,再对另外两块试样的级数按照前述步骤依次进行评定。

五、结果

将三名观测者对一组三块试样评定出的九个级数值取平均，计算结果修约至最接近的半级。

？想一想：在纺织服装产品中获得褶裥效果后，一般宜使褶裥保持性为何种结果更好？

A 练一练：

（1）判断：某织物经洗涤后褶裥外观评级结果为 1.5，认为其褶裥保持性好。（　　　）

（2）填空：褶裥外观立体标准样板总共有（　　　）等级（　　　）档次。

学习任务 3-4　织物经洗涤后接缝外观检测

日常使用的纺织服装产品通常会有接缝拼接，其平整情况会直接影响到产品的外观效果和实际使用。洗后接缝外观平整度是对产品这一外观形态性能进行评价的指标之一。织物经洗涤后接缝外观平整度检测依据的标准为 GB/T 13771—2009《纺织品 评定织物经洗涤后接缝外观平整度的试验方法》，是将织物试样经受一次或多次模拟洗涤操作的程序后，对其接缝外观平整度进行评定。

？想一想：查阅相关资料，说一说影响织物经洗涤后接缝外观平整度的因素有哪些？

一、取样

参照学习任务 3-1 中的取样部分。

二、试样准备

准备三块试样，每块试样尺寸为 38cm×38cm，边缘剪成锯齿形以防止散边。在每块试样中间采用相同方式缝制一条沿长度方向的接缝。如果织物上有褶皱，可在试验前适当熨平，应小心操作避免影响接缝质量。如果预计洗涤处理后有较严重的散边现象，应在离试样边 1cm 处使用尺寸稳定的缝线松弛地缝制一圈。

三、测试

按照 GB/T 8629—2017《纺织品 试验用家庭洗涤和干燥程序》或《纺织品 织物和服装的专业维护、干洗和湿洗》系列国家标准规定的洗涤程序之一处理每块试样。如需要，可将选定的程序重复四次，总计循环五次。将试样按照 GB/T 6529—2008 规定的标准大气调湿最少 4h，最多 24h。夹住试样的两个角或使用全宽夹持器悬挂每块试样，使接缝保持垂直。洗涤设备同图 3-2。

四、评级

三名观测者应各自独立地对每块经过洗涤的试样评定级数。将试样沿接缝方向垂直放置在观测板上。在试样的一侧放置与之外观相似的接缝外观平整度标准样照（单针迹或双针迹，图3-8），或在试样的两侧各放置一块与之外观相似的接缝外观平整度立体标准样板，以便进行比较评级。

（a）单针迹　　　　　　　　　　　（b）双针迹

图3-8　接缝外观平整度标准样照

观测者应站在试样的正前方，离观测板1.2m处。一般认为，观测者在视平线上下1.5m内观察对评级结果无显著影响。观测只限于受接缝影响的区域，织物本身的外观不予考虑。确定与试样外观最相似的接缝外观平整度标准样照或立体标准样板的等级，或整数级之间的中间等级（表3-3）。标准样照或立体标准样板的5级表示接缝外观平整度最佳，标准样照或立体标准样板的1级表示接缝外观平整度最差。

表3-3　接缝外观等级

等级	外观	等级	外观
5	相当于标准样照或样板5	2.5	标准样照或样板3和2的中间
4.5	标准样照或样板5和4的中间	2	相当于标准样照或样板2
4	相当于标准样照或样板4	1.5	标准样照或样板2和1的中间
3.5	标准样照或样板4和3的中间	1	相当于标准样照或样板1
3	相当于标准样照或样板3		

完成一块试样的评级后，再对另外两块试样的级数同前述步骤依次进行评定。

五、结果处理

将三名观测者对一组三块试样评定出的九个级数值取平均，计算结果修约至最接近的半级。

练一练：

（1）判断：织物经洗涤后接缝外观平整度的评级中，观测者应站在试样的正前方，离观测板1.5m处。（　　）

（2）填空：在织物经洗涤后接缝外观平整度评级时，在观测板上可使用(　　)或(　　)来评判确定。

学习任务 3-5　织物起毛起球性能检测

织物在使用和洗涤过程中，不断受到各种外力和外界物体的摩擦作用，其表面的绒毛或单丝逐渐被拉出，当毛绒的高度和密度达到一定值时，外力摩擦的继续作用使毛绒纠缠成球并凸起在织物表面，同时还有部分球粒脱落，这种现象称为织物的起毛起球。织物起毛起球会恶化织物外观，降低织物的使用价值。因此，在织物的设计、服装面料的选择或检测纺织品质量时都必须进行织物的起毛起球测试。

在纺织材料检测课程中已学习了织物起毛起球性能的测定圆轨迹法，在这一学习任务中将主要学习改型马丁代尔法、起球箱法和随机翻滚法，依据的标准分别为 GB/T 4802.2—2008《纺织品 织物起毛起球性能的测定 第2部分：改型马丁代尔法》、GB/T 4802.3—2008《纺织品 织物起毛起球性能的测定 第3部分：起球箱法》和 GB/T 4802.4—2008《纺织品 织物起毛起球性能的测定 第4部分：随机翻滚法》。

调湿和试验用大气采用 GB/T 6529—2008 规定的标准大气。如需要预处理，可采用经双方协议的方法水洗或干洗样品，一般选用 GB/T 8629—2017、GB/T 19981.1—2014 和 GB/T 19981.2—2014 中的程序。

一、取样

取样时，试样之间不应包含相同的经纱和纬纱，并避开褶皱、疵点。具体取样要求见表3-4。

表3-4　取样要求

方法	取样尺寸	取样数	备注
改型马丁代尔法	（1）试样夹具中的试样为直径 140_0^{+5} mm 的圆形试样； （2）起球台上的试样为直径 140_0^{+5} mm 的圆形或边长为（150±2）mm 的方形试样	（1）至少3组试样，每组2块，1块安装在试样夹具中，1块作为磨料安装在起球台上； （2）如起球台上使用羊毛织物磨料，至少需要3块试样	取样前需在评级的每一块试样背面同一点作标记，以确保评级时沿同一个纱线方向评定试样

方法	取样尺寸	取样数	备注
起球箱法	125mm×125mm	（1）剪取 4 个试样； （2）另剪取 1 块试样用于评级所需的对比样	（1）每个试样标记织物反面和织物纵向，如没有明显的正反面区别时，两面均应测试； （2）4 个试样中取 2 个试样，先辨别正反面，每个试样正面向内折叠，距边 12mm 缝合，其针迹密度应使接缝受力均匀，形成试样管，折的方向与织物的纵向一致。另取 2 个试样，分别向内折叠，缝合成试样管，折的方向应与织物的横向方向一致； （3）标准大气下，试样调湿至少 16h
随机翻滚法	（105±2）mm×（105±2）mm	3 个试样	（1）每个试样的一角分别标注 1、2 或 3 以示区分； （2）使用黏合剂将试样边缘封住，边缘不超过 3mm，将试样悬挂在架子上直到试样边缘完全干燥为止，干燥时间至少为 2h

二、安装试样

1. 改型马丁代尔法

（1）试样夹具中试样的安装。从试样夹具上移开试样夹具环和导向轴，将试样安装辅助装置小头朝下放置在平台上，将试样夹具环套在辅助装置上。翻转试样夹具，在试样夹具中央放入直径为（90±1）mm 的毡垫，将直径为 140_0^{+5} mm 的试样正面朝上放在毡垫上，允许多余的试样从试样夹具边上延伸出来，以保证试样完全覆盖住试样夹具的凹槽部分。小心地将带有毡垫和试样的试样夹具放置在辅助装置的大头端的凹槽处，保证试样夹具与辅助装置紧密结合在一起，拧紧试样夹具环到试样夹具上，保证试样和毡垫不移动不变形。重复上述步骤，安装其他试样，如果需要可在导板上试样夹具的凹槽上放置加载块。马丁代尔试验仪如图 3-9 所示。

（2）起球台上试样的安装。在起球台上放置直径为 140_0^{+5} mm 的一块毛毡，其上放置试样或羊毛织物磨料。试样或羊毛织物磨料的摩擦面向上，放上加压重锤，并用固定环固定。应注意在试样安装中，对于轻薄的针织物，需特别小心，以确保试样没有明显的伸长。

2. 起球箱法

将缝合试样管的里面翻出，使织物正面成为试样管的外面。在试样管的两端各剪去 6mm

图 3-9　马丁代尔试验仪

的端口，以去掉缝纫变形。将准备好的试样管装在聚氨酯载样管上，使试样两端距聚氨酯管边缘的距离相等，保证接缝部位尽可能的平整。用 PVC 胶带缠绕每个试样的两端，使试样固定在聚氨酯管上，且聚氨酯管的两端各有 6mm 裸露。固定试样的每条胶带长度应不超过聚氨酯管周长的 1.5 倍，见图 3-10。

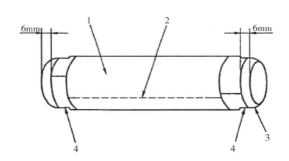

图 3-10　聚氨酯载样管上的试样
1—测试样　2—缝合线　3—聚氨酯载样管　4—胶带

确保起球箱内干净、无绒毛，将四个安装好的试样放入同一起球箱内，关紧盖子。

3. 随机翻滚法

同一个样品的试样分别放入不同的试验仓内，在放置时，应将同一个样品的三个试样，每一个试样与重约为 25mg、长度约为 6mm 的灰色短棉一起放入试验仓内，盖好试验仓盖。

三、测试

1. 改型马丁代尔法

起球测试，直到第一个摩擦阶段，见表 3-5。根据起毛起球评定要求（具体见后续评定部分内容）进行第一次评定，此时评定不取出试样，不清除试样表面。评定完成后，将试样夹具按取下的位置重新放置在起球台上，继续进行测试。每一个摩擦阶段都要进行评估，直到达到表 3-5 规定的试验终点。

表 3-5 起球试验分类

类别	纺织品种类	磨料	负荷质量（g）	评定阶段	摩擦次数
1	装饰织物	羊毛织物磨料	415±2	1	500
				2	1000
				3	2000
				4	5000
2[a]	机织物（除装饰织物以外）	机织物本身（面/面）或羊毛织物磨料	415±2	1	125
				2	500
				3	1000
				4	2000
				5	5000
				6	7000
3[a]	针织物（除装饰织物以外）	针织物本身（面/面）或羊毛织物磨料	155±1	1	125
				2	500
				3	1000
				4	2000
				5	5000
				6	7000

注 试验表明，经过7000次的连续摩擦后，试验和穿着之间有较好的相关性。因为，2000次摩擦后还存在的毛球，经过7000次摩擦后，毛球可能已经被磨掉。

[a]对于2、3类中的织物，起球摩擦次数不低于2000次。在协议的评定阶段观察到的起球级数即使为4~5级或以上，也可在7000次之前终止试验（达到规定摩擦次数后，无论起球好坏均可终止试验）。

图 3-11 滚箱式起球仪

2. 起球箱法

启动仪器（图 3-11），转动箱子至协议规定的次数。预期所有类型的织物测试或穿着时的起球情况是不可能的，因此，对于特殊结构的织物，有关方有必要对翻转次数取得一致意见。在没有协议或规定的情况下，建议粗纺织物翻转7200r，精纺织物翻转14400r。从起球试验箱中取出试样并拆除缝合线。

3. 随机翻滚法

将试样装入试验仓并盖好试验仓盖后，设定试验时间为30min，启动仪器（图 3-12），并打开气流阀。

在运行过程中，应经常检查每个试验仓。如出现试样缠绕在叶轮上不翻转或卡在试验仓的底部、侧面静止，应关闭空气阀，切断气流，停止试验，将试样移出，并使用清洁液或水清洗叶轮片，待叶轮干燥后，继续试验。记录试验的意外停机或者其他不正常情况。试验结束后取出试样，并用真空除尘器清除残留的棉絮。需要注意的是每次试验时分别重新放入一份重约25mg，长度约为6mm的灰色短棉。

当测试经硅胶处理的试样时，可能会污染软木衬垫而影响最终的起球结果。应予以处理，此时需要采用实验室内部标准织物在已使用过的衬垫表面（已测试过经硅胶处理的试样）再做一次对比试验。如果软木衬垫被污染，那么此次结果与采用实验室内部标准

图 3-12　乱翻式起球测试仪

织物在未被污染的衬垫表面所做的试验结果会不相同，分别记录两次测试的结果，并清洁干净或更换新的软木衬垫对其他试样进行测试。此外，在测试含有其他的易变黏材料或者未知整理材料的试样后可能会产生与上述相同的问题，在测试结束后应检测衬垫并做相应的处理。

四、起毛起球的评定

评级箱（图3-13）放置在暗室中。沿织物纵向将已测试样和一块未测试样（经或不经过前处理）并排放置在评级箱的试样板的中间。可根据需要采用胶带固定在正确的位置。已测试样放置在左边，未测试样放置在右边。如果测试样在起球测试前经过预处理，则对比样也应为经过预处理的试样，相应的如果测试样未经过预处理，则对比样也应保持一致。

为了防止直视灯光，在评级箱的边缘，从试样的前方直接观察每一块试样进行评级。根据表3-6中列出的级数对每一块试样进行评级，如介于两级之间，则记录半级，如3.5级。试样评级示意如图3-14所示。

图 3-13　评级箱

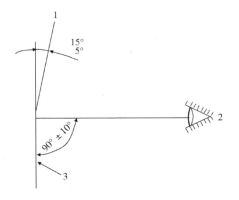

图 3-14　试样的评级

1—光源　2—观察者　3—试样

表 3-6　视觉描述评级

级数	状态描述
5	无变化
4	表面轻微起毛或起球
3	表面中度起毛或中度起球，不同大小和密度的球覆盖试样的部分表面
2	表面明显起毛或起球，不同大小和密度的球覆盖试样的大部分表面
1	表面严重起毛或起球，不同大小和密度的球覆盖试样的整个表面

由于评定的主观性，建议至少 2 人对试样进行评定。在有关方的同意下可采用样照，以证明最初描述的评定方法。可采用另一种评级方式，转动试样至一个合适的位置，使观察到的起球较为严重，这种评定可提供极端情况下的数据，如将试样表面转到水平方向沿平面进行观察。记录表面外观变化的任何其他状况。

五、结果

记录每一块试样的级数，单个人员的评级结果为其对所有试样评定等级的平均值。样品的试样结果为全部人员评级的平均值，修约至最接近的 0.5 级，并用"-"表示，如 3-4 级。当出现单个测试结果与平均值之差超过半级，则应报告每一块试样的级数。

想一想：在日常生活中，织物起毛起球会对你选择纺织服装产品产生何种影响？

看一看：扫描二维码，可以观看织物起毛起球性能的测定（改型马丁代尔法）、织物起毛起球性能的测定（起球箱法）、织物起毛起球性能的测定（随机翻滚法）操作视频。

织物起毛起球性能的测定
（改型马丁代尔法）

织物起毛起球性能的测定
（起球箱法）

织物起毛起球性能的测定
（随机翻滚法）

练一练：

（1）判断：在织物起毛起球性能改型马丁代尔法测试中，试样只能跟相同织物磨料进行摩擦。（　　）

（2）填空：在织物起毛起球性能起球箱法测试中，应从样品上剪取（　　）个试样，尺寸为（　　），并剪取（　　）个相同尺寸的试样作为评级所需的（　　）。

（3）填空：在织物起毛起球性能随机翻滚法测试中，每个样品要剪取（　　）个试样，尺寸为（　　）。

（4）选择：在织物起毛起球性能测试对试样进行评级时，3 级是代表（　　）。

A. 表面轻微起毛和（或）起球。

B. 表面中度起毛和（或）起球，不同大小和密度的球覆盖试样的部分表面。

C. 表面明显起毛和（或）起球，不同大小和密度的球覆盖试样的大部分表面。

D. 表面严重起毛和（或）起球，不同大小和密度的球覆盖试样的整个表面。

学习任务 3-6　织物勾丝性能检测

织物在加工和使用过程中，遇到尖锐物体的刺挑，其纤维或纱线会被尖锐物勾出或勾断，再被扯出于织物表面形成线圈、纤维（束）圈状、绒毛或其他凹凸不平的疵点，这一现象称为织物勾丝。特别是针织物和变形长丝的机织物，遇到尖锐物时极易发生勾丝。织物出现勾丝会严重影响其外观，同时影响其实际使用性能。

对于织物的勾丝性能进行检测一般都是在一定条件下让织物与尖硬物体如针尖、锯齿等接触产生勾丝，再与标准样照进行对比评级，5 级最优，1 级最差。采用的方法有钉锤式、刺辊式和滚箱式三种，见图 3-15。

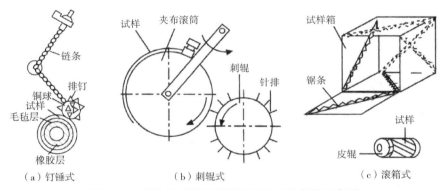

（a）钉锤式　　　　　　　　（b）刺辊式　　　　　　　　（c）滚箱式

图 3-15　织物勾丝性能检测采用的三种仪器示意图

当前在国标中实际采用的以钉锤式勾丝仪为主，依据的标准是 GB/T 11047—2008《纺织品 织物勾丝性能评定 钉锤法》。它是将试样制成筒状再套于转筒上，用链条悬挂的钉锤置于其表面上，转筒以一恒定速度转动，使得钉锤在试样表面随机翻转、跳动，进而钩挂试样使其表面产生勾丝，达到规定转数后，对比样照进行评级。钉锤法使用的仪器如图 3-16 所示。

想一想：为什么针织物相比机织物更容易勾丝。

图 3-16　织物钉锤式勾丝性能检测仪

一、裁取试样

距匹端 1m 及以上，取至少 550mm 宽的全幅平整无皱的样品，先按 GB/T 6529—2008 的规定进行调湿，其中纯涤纶织物至少平衡 2h，公定回潮率为 0 的织物可不调湿。

在样品上按 200mm×300mm 的尺寸取经（纵）向和纬（横）向试样各 2 块，取试样时要确保其不得有任何疵点和折痕，距布边 1/10 以内不得取样，且不应含有相同的经纬纱线。经（纵）向试样的经（纵）向与试样短边平行，纬（横）向试样的纬（横）向与试样短边平衡，如图 3-17 所示。

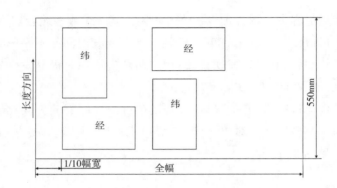

图 3-17　织物勾丝性能检测试样裁取示意图

二、制取筒状试样

将试样正面相对缝制为筒状，非弹性织物试样的套筒周长为 280mm，弹性织物（包括伸缩性大的织物）试样的套筒周长为 270mm。

三、套装试样

将筒状试样翻至正面向外，缝边分向两侧张开小心地套在转筒上，使缝口平整。然后用橡胶环固定住试样的一端，展开所有折皱，使试样表面圆整，再用橡胶环固定住试样的另一端。如试样套后过紧或过松，可适当增加或减少其周长，以确保松紧适度。经（纵）向和纬（横）向试样应随机地套装于不同的转筒上，也即试样的经（纬）向不一定是在同样的转筒上。需要注意的是对于针织物横向试样，宜使其中一块试样的纵列线圈头端向左，另一块向右。

四、放置钉锤并测试

将钉锤绕过导杆轻轻放在试样上，并用卡尺设定钉锤的位置，在 GB/T 6529—2008 规定的标准大气下，启动仪器进行测试。注意观察钉锤是否能自由地在整个转筒上翻转跳动，否则应停机检查。

达到 600r 时，停止并取下试样，亦可经各方协商确定转动次数并在报告中注明。

五、评级与结果处理

对取下的试样放置至少 4h 后进行评级。评级时应将试样固定于评定板，使评级区处于评定板正面，将评定板直接插入筒状试样，使缝线处于背面中心。再将试样放入如图 3-18 所示的评级箱观察窗内，同时将标准样照放入另一侧，依据试样勾丝（包括紧纱段）的密度（不论勾丝长短）按表 3-7 中的级数和对应描述进行评级，如介于两级之间，则记录半级，如 3.5 级。

图 3-18　勾丝评级箱

表 3-7　勾丝评级描述

级数	状态描述
5	表面无变化
4	表面轻微勾丝和（或）紧纱段
3	表面中度勾丝和（或）紧纱段，不同密度的勾丝（紧纱段）覆盖试样的部分表面
2	表面明显勾丝和（或）紧纱段，不同密度的勾丝（紧纱段）覆盖试样的大部分表面
1	表面严重勾丝和（或）紧纱段，不同密度的勾丝（紧纱段）覆盖试样的整个表面

如果试样勾丝中含有中勾丝或长勾丝，还应按表 3-8 规定对所评级别予以顺降，但一块试样中累积顺降最多为一级。

表 3-8　中、长勾丝顺降级别

勾丝类别	占全部勾丝的比例	顺降级别（级）
中勾丝（长度为 2~10mm 的勾丝）	≥1/2-3/4	1/4
	≥3/4	1/2
长勾丝（长度≥10mm 的勾丝）	≥1/4-1/2	1/4
	≥1/2-3/4	1/2
	≥3/4	1

单人评级结果为其对所有试样评定等级的平均值，全部人员评级的平均值为最终结果，建议至少 2 人分别对所有试样进行评级。计算平均值时应分别计算经（纵）向和纬（横）向试样（包括增测的试样在内）勾丝级别，作为某一方向最终勾丝级别，当不是整数时，修约至最近的 0.5，并用 "-" 表示，如 3-4 级。

如根据需要，可对所测试样勾丝性能进行评定，一般 ≥4 级时表示具有良好的抗勾丝能力，≥3-4 级时为具有抗勾丝能力，≤3 级表示抗勾丝性能差。

想一想：查阅资料，说一说该如何改进织物的勾丝性能。

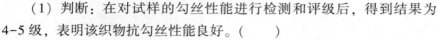 看一看：扫描二维码，观看织物勾丝性能检测（钉锤法）操作视频。

织物勾丝性能
检测（钉锤法）

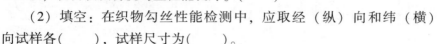 练一练：

（1）判断：在对试样的勾丝性能进行检测和评级后，得到结果为4-5级，表明该织物抗勾丝性能良好。（　　）

（2）填空：在织物勾丝性能检测中，应取经（纵）向和纬（横）向试样各(　　)，试样尺寸为(　　)。

（3）选择：织物勾丝性能测定中，中勾丝占全部勾丝比例≥1/2-3/4时，顺降级别为(　　)。

A.1/4　　B.1/2　　C.3/4　　D.1

学习任务 3-7　织物折痕回复性能检测

织物在使用中受到揉搓挤压或折叠时，会发生塑性弯曲变形而形成皱痕，也即产生折皱，织物抵抗这一折皱的能力称为抗皱性。抗皱性也称折痕回复性，是指织物在产生折皱后其恢复程度。织物的折痕回复性会影响其外观及平整性。

通常用折痕回复角来表示织物的折痕回复能力。折痕回复角是指在规定的条件下，受力折叠的试样卸除负荷，经一定时间后，两个对折面形成的角度，有水平法和垂直法两种。水平法测定折痕回复角，试样的折痕线与水平面相平行；垂直法测定折痕回复角，试样的折痕线与水平面相垂直。测试依据的标准是GB/T 3819—1997《纺织品 织物折痕回复性的测定 回复角法》。它是将一定形状和尺寸的试样，在规定条件下折叠加压保持一定时间。卸除负荷后，让试样经过一定的回复时间，然后测量折痕回复角，以测得的角度来表示织物的折痕回复能力。

试样的预调湿和调湿按照GB/T 6529—2008的规定进行，调湿和试验在标准大气条件下进行。如果需要，测定试样在温度为（35±2）℃，相对湿度为90%±2%高湿大气下的回复角，试样可不进行预调湿。

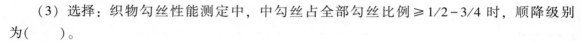 想一想：织物折痕回复性对日常服装的选择会有哪些影响？

一、试样准备

1. 试样数量

每个样品的试样数量至少20个，即试样的经向和纬向各10个，每一个方向的正面对折和反面对折各5个。日常测试可只测样品的正面，即经向和纬向各5个。其采集部位示例见图3-19。

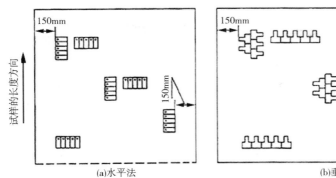
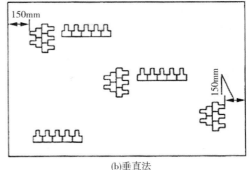

图 3-19　折痕回复性试样采集部位示例

2. 试样尺寸

测试回复翼尺寸：长为 20mm，宽为 15mm。水平法：试样尺寸为 40mm×15mm 的长方形。垂直法：试样的形状及尺寸见图 3-20。

二、参数设置

测试中的压力负荷为 10N。承受压力负荷的面积：水平法为 15mm×15mm；垂直法为 18mm×15mm。承受压力时间为 5min+5s。回复角测量器的分度值为+1°。还应确保试样台应有适当的遮挡，以保证试样不受通风、操作者呼吸和灯具热辐射等环境条件的影响。仪器如图 3-21 所示。

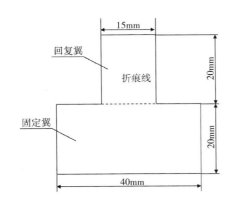

图 3-20　垂直法试样的形状及尺寸

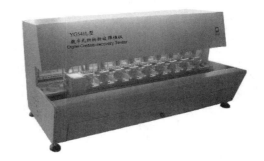

图 3-21　织物折皱弹性仪

三、测试

1. 水平法

（1）在试样长度方向两端对齐折叠，然后用宽口钳夹住，夹住位置离布端不超过 5mm，移至标有 15mm×20mm 标记的平板上，使试样正确定位，随即轻轻地加上压力重锤。加压装置见图 3-22。

（2）试样在规定负荷下，保证规定时间后，卸除负荷，将夹有试样的宽口钳转移至回复角测量装置的试样夹上，使试样的一翼被夹住，而另一翼自由悬垂，并连续调整试样夹，使悬垂下来的自由翼始终保持处于垂直位置。

（3）试样从压力负荷装置上卸除负荷后 5min，读得折痕回复角，读至最临近 1°，如果自由翼轻微卷曲或扭转，以通过该翼中心和刻度盘轴心的垂直平面，作为折痕回复角读数的基准。见图 3-23。

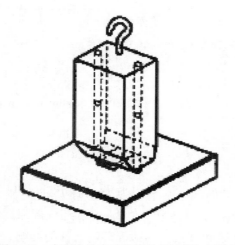

图 3-22　水平法具有垂直导轨的试样加压装置

图 3-23　水平法折痕回复角测量装置

2. 垂直法

（1）将试样的固定翼装入试样夹内，使试样的折叠线与试样夹的折叠标记线重合，沿折叠线对折试样，不要在折叠处施加任何压力，然后在对折好试样上放上透明压板，再加上压力重锤。见图 3-24。

（2）试样承受压力负荷达到规定的时间（5min+5s）后，迅速卸除压力负荷，并将试样夹连同透明压板一起翻转 90°，随即卸去透明压板，同时试样回复翼打开，迅速用测角装置分别读得试样的急弹性折痕回复角，读至最临近 1°。回复翼有轻微的卷曲或扭转，以其根部挺直部位的中心线为基准。

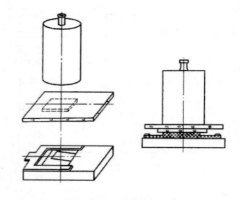

图 3-24　垂直法试样加压装置图

（3）试样卸除负荷后达到 5min 时，用测角装置分别读得缓弹性折痕回复角，读至最临近 1°。

四、结果

分别计算经向折痕回复角正面对折和反面对折、纬向折痕回复角正面对折和反面对折的平均值，并计算经纬向折痕回复角平均值之和的总折痕回复角。计算到小数点后一位，按GB/T 8170—2008 数值修约规则保留整数位。

 想一想：查阅资料，说一说如何改进织物的折痕回复性能？

 看一看：扫描二维码，观看织物折痕回复性的测定回复角法（垂直法）操作视频。

织物折痕回复性的
测定回复角法（垂直法）

练一练：

（1）判断：在对织物进行折痕回复性测试时，一般经纬向各取 10 个样，且每一方向正反面各 5 个。（   ）

（2）填空：在织物折痕回复性测试中，采用水平法时，其试样尺寸为(   )。

（3）选择：在织物折痕回复性能采用回复角法测试中，下述说法不正确的是(   )。

A. 以折痕回复角表示折痕回复性的两种测试方法分别为水平回复法和垂直回复法。

B. 测试时加压为 10N，时间为 5min。

C. 折痕回复角越大，表示折痕回复性越差。

D. 测试结果取均值并进行修约，取整数。

学习任务 3-8 织物弯曲性能检测

织物在生产和使用过程中，在外力作用下，会发生弯曲变形。这种形变对其尺寸稳定性、褶裥耐久性、折皱回复性及服装成型性等具有很大影响。因此织物的弯曲性能是我们研究织物的挺括性、悬垂性、柔软性等多项性质的重要物理参量。对于织物的弯曲性能检测，有多种不同方法，在国标体系中具体的标准和方法见表 3-9。

表 3-9 织物弯曲性能的测定标准

序号	标准	备注
1	GB/T 18318.1—2009《纺织品 弯曲性能的测定 第 1 部分：斜面法》	适用于各类织物
2	GB/T 18318.2—2009《纺织品 弯曲性能的测定 第 2 部分：心形法》	适用于较柔软和易卷边的织物
3	GB/T 18318.3—2009《纺织品 弯曲性能的测定 第 3 部分：格莱法》	适用于较硬挺的织物
4	GB/T 18318.4—2009《纺织品 弯曲性能的测定 第 4 部分：悬臂法》	适用于较硬挺的织物
5	GB/T 18318.5—2009《纺织品 弯曲性能的测定 第 5 部分：纯弯曲法》	适用于薄型织物
6	GB/T 18318.6—2009《纺织品 弯曲性能的测定 第 6 部分：马鞍法》	适用于薄型织物

在本学习任务中主要学习适用于各类织物弯曲性能测定的斜面法。它是将一矩形试样放在水平平台上，试样长轴与平台长轴平行，沿台长轴方向推进试样，使其伸出平台并在自重下弯曲。伸出部分端悬空，由尺子压住仍在平台上的试样另一部分。当试样的头端通过平台的前缘达到与水平线呈41.5°倾角的斜面上时，伸出长度等于试样弯曲长度的两倍，由此来计算弯曲长度及相关指标值，如图3-25所示。

一、试样准备

按产品标准的规定或有关协议取样，然后从样品上随机剪取12块试样，试样至少距布边100mm，裁剪尺寸为（25±1）mm×（250±1）mm，其中6块试样的长边平行于织物的纵向，6块试样的长边平行于织物的横向，并尽可能少用手摸。

在剪样中，如织物有卷边或扭转趋势，则应在剪取试样之前进行调湿。如这一卷曲或扭转现象明显，可将试样放在平面上轻压几个小时。但不适用于特别柔软、卷曲或扭转现象严重的织物。可取与纵向成45°方向的附加试样。用于生产控制时，试样数量可减少至每个方向3块。

将试样在GB/T 6529—2008规定的大气中调湿后，并在这一大气条件下进行测试。

二、测试

（1）按照GB/T 4669—2008或GB/T 24218.1—2009测定和计算试样的单位面积质量。

（2）调节仪器（图3-26）水平，将试样放在平台上，试样的一端与平台的前缘重合。将钢尺放在试样上，钢尺的零点与平台上的标记D对准，见图3-25。以一定的速度向前推动钢尺和试样，使试样伸出平台的前缘，并在其自重下弯曲，直到试样伸出端与斜面接触。记录标记D对应的钢尺刻度作为试样的伸出长度。

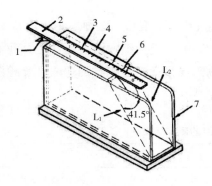

图3-25　仪器示意图

1—试样　2—钢尺　3—刻度　4—平台
5—标记（D）　6—平台前缘　7—平台支撑
L₁和L₂为平台支撑的侧面与斜面的交线

图3-26　织物硬挺度仪

（3）重复上一步，对同一试样的另一面进行测试，再次重复对试样的另一端的两面进行测试。

 想一想：结合试样准备和测试过程的表述，要完成测试一种织物的弯曲性能，应取得多少个伸出长度值吗？

三、结果处理

（1）取伸出长度的一半作为弯曲长度，每个试样记录四个弯曲长度，以此计算每个试样的平均弯曲长度。

（2）分别计算两个方向各试样的平均弯曲长度 C，单位为厘米。根据式（3-2）分别计算两个方向的平均单位宽度的抗弯刚度，保留三位有效数字。

$$G = m \times C^3 \times 10^{-3} \tag{3-2}$$

式中：G——单位宽度的抗弯刚度，mN·cm；

　　　m——试样的单面积质量，g/m^2；

　　　C——试样的平均弯曲长度，cm。

（3）分别计算两个方向的弯曲长度和抗弯刚度的平均值变异系数 CV。

看一看：扫描二维码，观看织物弯曲性能检测（斜面法）操作视频。

织物弯曲性能
检测（斜面法）

练一练：

（1）判断：在对织物采用斜面法进行弯曲性能测试时，试样在自重下弯曲，当试样头端通过平台前缘与水平线呈 45° 时，停止测试。（　　）

（2）填空：对织物采用斜面法进行弯曲性能测试，一般应剪取（　　）块试样，其尺寸为（　　）。

（3）填空：根据抗弯刚度公式，其数值大小与（　　）和（　　）相关。

学习任务 3-9　织物悬垂性能检测

悬垂性是指织物自重下垂的程度及形态反映织物下垂时的变形能力。一般对用于衣裙、窗帘、桌布、帷幕等的织物都要求其具有良好的悬垂性。悬垂性依据使用状态可分为静态悬垂性和动态悬垂性，可以悬垂系数来表征，悬垂系数是指悬垂试样的投影面积与未悬垂试样的投影面积的比率，以百分率表示。

对于织物悬垂性的测定，依据标准为 GB/T 23329—2009《纺织品 织物悬垂性的测定》。

一、试样准备

按产品标准的规定或有关协议取样。取样后，分两种情形进行试样的剪取，在一个样品上至少剪取三个试样，剪取试样时应避开样品上的折皱和扭曲部位，并注意不要让试样接触皂类、盐及油类等污染物。

1. 夹持盘直径为18cm

此时先使用直径为30cm的试样进行预试验（见测试部分表述），并计算该直径时的悬垂系数（D_{30}，直径为30cm的试样），根据这一结果，再具体选择试样直径，见表3-10。

表3-10　试样直径的选择

序号	悬垂系数范围	试样直径
1	30%~85%	30cm
2	30%~85%范围以外	除了使用30cm，还应按照3和4所述选取对应的试样直径进行补充测试
3	小于30%的柔软织物	24cm
4	大于85%的硬挺织物	36cm

注　利用对应尺寸的圆形模板，裁剪画样和标注试样中心。分别在每一个试样的两面标记a和b。不同直径的试样得出的试样结果没有可比性。

2. 夹持盘直径12cm

此时所有试样的直径均为24cm。剪取的试样在GB/T 6529—2008规定的标准大气下进行调湿。

二、测试

1. 预试验

先按下述步骤对仪器进行校验：

（1）通过观察水平泡位置，调节仪器底座上的底脚使其保持水平状态，确保仪器的试样夹持盘保持水平。

（2）将圆形模板（分24cm、30cm和36cm三种）放在下夹持盘上，其中心孔穿过定位柱，校验灯源的灯丝是否位于抛面镜焦点处。将纸环或白色片材放在仪器的投影部位，采用模板校验其影响尺寸是否与实际尺寸吻合。

进行预评估：取一个试样，其a面朝下，放在下夹持盘上，如试样四周形成自然悬垂的波曲，则可以进行测量。如试样弯向夹持盘边缘内侧，则不进行测量，并应在报告中记录此现象。

2. 图像处理法测试

（1）在数码相机与计算机连接状态下，开启计算机评估软件进入检测状态，打开照明等光源，使数码相机处于捕捉试样影像状态，必要时以夹持盘定位柱为中心调整图像居中位置，示意图和仪器如图3-27和图3-28所示。

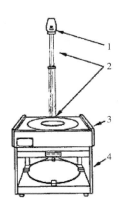
图 3-27　用于图像处理的悬垂仪示意图
1—相机　2—相机支架　3—透明盖或白色片材　4—仪器箱体

图 3-28　织物悬垂性测试仪

（2）将能确保材料表面平整无褶皱且能够清晰地映出投影图像的白色片材放在仪器的投影部位。

（3）将试样 a 面朝上，放在下夹持盘上，让定位柱穿过试样的中心，立即将上夹持盘放在试样上，其定位柱穿过中心孔，并迅速盖好仪器透明盖。图 3-29 为夹持示意图。调节电动机转速至 100r/min。转速可根据织物特性进行确定。

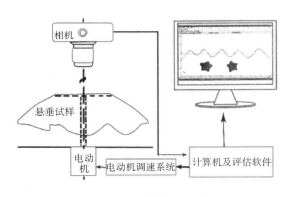
图 3-29　夹持示意图

（4）启动仪器，以 100r/min 的转速旋转 45s 停止 30s，用数码相机拍下试样的静态悬垂图像。再启动仪器，以 50~150r/min 转速旋转试样，当试样旋转状态稳定后用数码相机拍下其动态旋转时的图像。用评估软件根据获得图像得出试样动态或静态的悬垂系数、悬垂波数、最大波幅、最小波幅及平均波幅等数据。

（5）对同一个试样的 b 面朝上，依据步骤（2）~（4）进行测试。一个样品取 3 个试样，正反面合计至少进行 6 次操作。

想一想：查阅资料，请简述静态悬垂性和动态悬垂性的区别。

三、结果处理

根据式（3-3）分别计算动态和静态悬垂系数 D，以百分率表示。

$$D = \frac{A_s - A_d}{A_0 - A_d} \times 100\%$$ （3-3）

式中：A_0——未悬垂试样的初始面积，cm^2；

$\quad\quad A_d$——夹持盘面积，cm^2；

$\quad\quad A_s$——试样在悬垂后投影面积，cm^2。

在实际测试中悬垂系数可通过测试软件直接读取结果，此外可根据需要得到悬垂波数、最小波幅、最大波幅、平均波幅。

分别计算 a 面和 b 面的悬垂系数的平均值，计算样品悬垂系数的总体平均值。

 看一看：扫描二维码，观看织物悬垂性能检测操作视频。

 练一练：

（1）判断：悬垂系数是指悬垂试样的投影面积与未悬垂试样的投影面积的比率。（　　　）

织物悬垂性能检测

（2）判断：悬垂系数表征织物悬垂性能的大小，悬垂性系数大，悬垂性好，织物柔软，悬垂系数小，悬垂性差，织物硬挺。（　　　）

（3）填空：在织物悬垂性测试中，夹持盘直径为 12cm 时，剪取直径为(　　　)的试样进行测试。

学习任务3-10　织物汽蒸后的尺寸变化检测

对于纺织服装产品，应具有一定的尺寸稳定性，如水洗尺寸变化、干洗尺寸变化、汽蒸收缩尺寸变化等，以避免在加工、穿着和使用过程中产生超出范围的变形，而失去其应用价值。对于毛织物，在小应力下易发生变形，且会随着环境湿度和温度变化发生伸长和收缩，常需要对其进行定型处理，一般多为煮、蒸处理。

在这一学习任务中将学习织物经汽蒸后其尺寸变化的检测，依据的标准为 FZ/T 20021—2012《织物经汽蒸后尺寸变化试验方法》，它是测定织物在不受压力的情况下，受蒸汽作用后尺寸变化。这一变化与织物在湿处理中的湿膨胀和毡化收缩变化无关。其适用于毛类机织、针织以及经汽蒸处理尺寸易变化的织物。

一、试样准备

剪取尺寸为长 300mm、宽 50mm 的经向（纵向）、纬向（横向）试样各四个，试样上不应有明显疵点。

按照 GB/T 6529—2008 的要求对试样进行预调湿 4h 和放置在标准大气中调湿 24h，试样上用订书钉或按 GB/T 8628—2013 所规定的方法在相距 250mm 处两端对称地各作一个标记。

二、测试

选用的仪器如图 3-30 所示。

图 3-30　汽蒸收缩测定仪

（1）量取标记间的长度为汽蒸前长度，精确到 0.5mm。

（2）调节蒸汽以 70g/min（允差 20%）的速度通过蒸汽圆筒至少 1min，使圆筒预热。如果圆筒过冷，可以适当延长预热时间。测试时蒸汽阀保持打开状态。

（3）把调湿后的四块试样分别放在每一层金属丝支架上，立即放入圆筒并保持 30s。

（4）从圆筒内移出试样，冷却 30s 再放入圆筒内。如此进出循环三次。

（5）完成 3 次循环后把试样放置在光滑平面上冷却，按照 GB/T 6529—2008 的要求进行预调湿 4h 和放置在标准大气中调湿 24h，量取标记间的长度为汽蒸后的长度，精确到 0.5mm。

三、结果处理

每块试样的汽蒸尺寸变化率根据式（3-4）计算。

$$Q_s = \frac{L_1 - L_0}{L_0} \times 100\% \tag{3-4}$$

式中：Q_s——汽蒸尺寸变化率；

　　　L_0——汽蒸前长度，mm；

　　　L_1——汽蒸后长度，mm。

分别计算经（纵）向、纬（横）向汽蒸尺寸变化率的平均值，按照 GB/T 8170—2008 的规定修约至小数点后一位。

想一想：通过查阅资料，请简述影响织物汽蒸尺寸变化的因素有哪些。

织物汽蒸后的
尺寸变化检测

看一看：扫描二维码，观看织物汽蒸后的尺寸变化检测操作视频。

练一练：

（1）判断：在织物汽蒸后尺寸变化检测中，需要裁减尺寸为长300mm、宽50mm的经向和纬向试样各四个。（　　）

（2）填空：在织物汽蒸后尺寸变化检测过程中，试样放入圆筒内，应保持（　　），从圆筒内移出试样后，应冷却（　　）后再放入圆筒，如此进出循环（　　）。

学习任务 3-11　织物干热熨烫尺寸变化检测

纺织服装产品在受外力作用后会产生变形，当外力去除后，能回复到原来形状的部分叫弹性变形，另一部分不能回复到原形的称为塑性变形。导致产生这一变形的因素很多，有拉伸变形、压缩变形、剪切变形、折皱变形、起拱变形、热收缩、湿收缩等。这也将导致纺织服装产品外在尺寸发生变化，从而影响到其加工、穿着和使用性能。

在这一部分内容中将学习织物经干热作用其尺寸变化的检测。依据的标准为 GB/T 17031.1—1997《纺织品 织物在低压下的干热效应 第1部分：织物的干热处理程序》和 GB/T 17031.2—1997《纺织品 织物在低压下的干热效应 第2部分：受干热的织物尺寸变化的测定》。

一、试样准备

平行于织物的长边和宽边剪取2块无折痕的试样，其大小为经（纵）向290mm，纬（横）向240mm。经（纵）向两对标记点，每对距离为250mm。纬（横）向两对标记点，每对距离为200mm，如图3-31所示。

不可直接从织物的端部取样，其他具体规则同学习任务3-1中的取样部分。

取样后应将试样放置在 GB/T 6529—2008 所规定的调湿大气中，在自然松弛状态下，调湿至少4h或达到恒重。

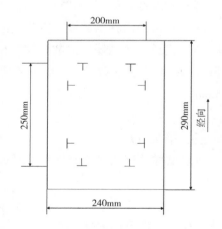

图3-31　试样尺寸及标记示意

二、测试

（1）测量已调湿的试样上各对标记点间的距离（图3-31所示），读取至0.5mm。

（2）仪器平板温度150℃，压力0.3kPa。在达到所设定温度并稳定后对试样进行干热处理，将一个已调湿的试样放在试样托上，抬起热压平板，将试样及试样托在底座上定位而后压紧热压平板（图3-32）。达到20s后，立即将热压平板抬起并移开试样及试样托。如有特殊需要，可另行规定条件，如温度为130℃、170℃。

（3）在标准大气条件下将试样平摊调湿4h直至达到平衡状态，测定试样上各对标记点间的距离，如有必要，也可以试样一经冷却立即测定试样上各标记点的距离，读取至0.5mm。

（4）重复上述步骤，测试第二个试样。

图3-32 平板压烫仪

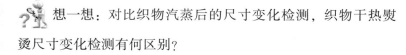 想一想：对比织物汽蒸后的尺寸变化检测，织物干热熨烫尺寸变化检测有何区别？

三、结果处理

根据式（3-5）分别计算每个试样经干热处理后的尺寸变化百分率，计算精确至小数点后两位。

$$干热尺寸变化率 = \frac{L_1 - L_0}{L_0} \times 100\% \qquad (3-5)$$

式中：L_0——调湿后测得的试样上标记点的距离，mm；

L_1——干热处理冷却和调湿后测得的试样上同一标记点的距离，mm。

分别计算每个试样各向的尺寸变化率的平均值，按 GB/T 8170—2008 修约至小数点后一位。

 看一看：扫描二维码，观看织物干热熨烫尺寸变化检测操作视频。

 练一练：

（1）判断：在织物干热熨烫尺寸变化检测中，温度只能设定为150℃。（　　　）

（2）填空：在织物干热熨烫尺寸变化检测中，试样取样尺寸为经（纵）向（　　　），纬（横）向（　　　）。经（纵）向两对标记点，每对距离为（　　　）；纬（横）向两对标记点，每对距离为（　　　）。

织物干热熨烫
尺寸变化检测

学习情境 4　纺织品色牢度检测

学习目标

1. 能够说出纺织品色牢度检测的主要项目及对应评测指标；
2. 能够对实施检测后的试样变色和贴衬织物沾色等级进行评判；
3. 能够查阅相关纺织品色牢度检测项目标准；
4. 通过对应学习任务及辅以在线课程的学习，能够使用仪器实施具体纺织品色牢度检测；
5. 能够针对具体的纺织品色牢度检测填写检测报告。

学习任务 4-1　纺织品色牢度基本知识

一、色牢度

纺织品的色牢度是指印染到织物上的色泽耐受外界影响的程度，即经受各种因素的作用而能保持其原有色泽的能力，是衡量印染产品质量的重要指标之一。纺织服装产品需要依靠染色或是印花加工来获得多姿多彩的外观效果，当这些印染到织物上的色彩在使用过程中，受到日晒、雨淋、洗涤、熨烫、汗渍、摩擦、化学药品等作用，会发生褪色或变色现象，从而失去织物的原有特色，而且会沾到织物其他部位或物品上。这既降低织物本身的使用价值，又影响其他织物或物品。

对于纺织品的色牢度，因其所用纤维材质不同，所用染料不同，色牢度有所不同。即使纤维材质相同，用相同的染料进行染色，受工艺、设备等多重因素影响，其色牢度也会存在差异。同时对于产品的终端用途不同，其对色牢度要求也不尽相同。常用的色牢度有耐皂洗、耐光、耐摩擦、耐汗渍、耐水洗、耐唾液、耐干热、耐热压等色牢度。耐水、耐汗渍、耐干摩擦和耐唾液色牢度也被纳入国家纺织产品基本安全技术规范和生态纺织品技术要求中，为必测项目。在实际工作中，应根据产品标准的要求和最终用途来选择色牢度检测项目。

想一想：在日常生活中，你如何初步判别纺织品色牢度是否符合要求？

二、灰色样卡

染色牢度是根据试样的变色和贴衬织物的沾色分别评定的。评定色牢度级别时，是以试后样与原样之间以目测对比色差的大小为依据，以样卡色差程度与试样相近的一级作为试样的牢度等级。

1. 评定变色用灰色样卡

评定变色用灰色样卡由五对无光的灰色纸片组成，见图 4-1。根据可辨的色差分为五个牢度等级，即 5、4、3、2、1。在两个等级中间再补充半级，即 4-5、3-4、2-3、1-2，就扩大成为五级九档灰卡。每对第一组均是中性灰色，其中色牢度等级 5 的第二组与第一组成相一致，其他各对的第二组成依次变浅，色差逐级增大，各级观感色差均经过色度确定。

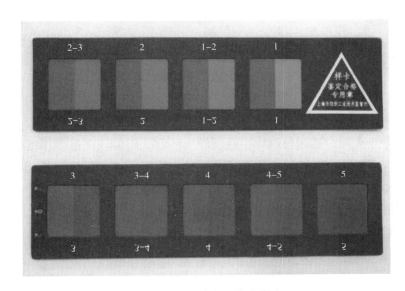

图 4-1　评定变色用灰色样卡

2. 评定沾色用灰色样卡

评定沾色用灰色样卡由五对无光的灰色或白色纸片组成，见图 4-2。根据可辨的色差分为五个牢度等级，即 5、4、3、2、1。在两个等级中间再补充半级，即 4-5、3-4、2-3、1-2，就扩大成为五级九档灰卡。每对第一组均是白色，其中色牢度等级 5 的第二组与第一组成相一致，其他各对的第二组成依次变浅，色差逐级增大，各级观感色差均经过色度确定。

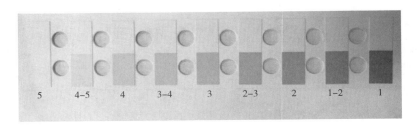

图 4-2　评定沾色用灰色样卡

三、蓝色羊毛标样

蓝色羊毛标样，简称蓝标，见图4-3，是指评定印染织物耐光、耐气候色牢度时，用作对比的一套可表示八级不同褪色程度的蓝色羊毛织物标样。它是以规定深度的八种染料染于羊毛织物上制成，分成8、7、6、5、4、3、2、1八个色牢度档次。根据试样暴晒前后的褪色程度与同时暴晒的八块蓝色羊毛标样的褪色程度比较，以评定试样耐光色牢度等级。从1级（很低色牢度，褪色最严重）到8级（很高色牢度，最不易褪色），使每一较高编号蓝色羊毛标样的耐光色牢度比前一编号约高一倍。即如果4级在光的照射下，需要一定时间以达到某种程度褪色，则在相同条件下产生同等程度的褪色，3级约需一半时间，而5级约需增加一倍的时间。

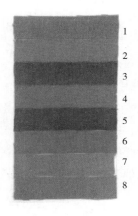

图4-3　蓝色羊毛标样

四、标准贴衬织物

测试纺织品色牢度时，通过与试样接触而产生沾色，用以评定沾色程度的特制的由单种纤维或多种纤维制成的未染色织物，称为标准贴衬织物。标准贴衬织物是经特殊工艺制成的平纹织物，具有标准的沾色特性，分单纤维与多纤维两种。

单纤维贴衬织物经纬用同种类纱，有毛、棉、黏胶纤维、麻、聚酰胺纤维、聚酯纤维、聚丙烯腈纤维、丝、二醋酯标准贴衬织物。使用两块单纤维贴衬织物时，第一块贴衬织物与所测纺织品应属同类纤维，如为混纺品，则应与其中主要纤维同类属。第二块贴衬织物应按各个试验方法中指定的类别选用。贴衬织物应与试样尺寸相同，按一般原则，试样两面各贴衬织物完全覆盖。

多纤维贴衬织物由各种不同纤维的纱线制成，每种纤维形成一条宽度至少为15mm且厚度均匀的织条，每一织条均应和相应种类的单纤维标准贴衬具有相似的沾色性能。有TV和DW两种不同类型的标准多纤维贴衬织物（图4-4），常规情况下使用DW型，当某些色牢度试验不能使用羊毛和醋酯纤维时，使用TV型。具体的成分见表4-1。

表4-1　多纤维贴衬织物成分

多纤维DW	多纤维TV	多纤维DW	多纤维TV
醋酯纤维	三醋酯纤维	聚酯纤维	聚酯纤维
漂白棉	漂白棉	聚丙烯腈纤维	聚丙烯腈纤维
聚酰胺纤维	聚酰胺纤维	羊毛	黏胶纤维

使用一块多纤维贴衬织物时，不可同时有其他的贴衬织物，否则会影响多纤维贴衬织物的沾色程度。贴衬织物应与试样尺寸相同，按一般原则，只覆盖试样正面。

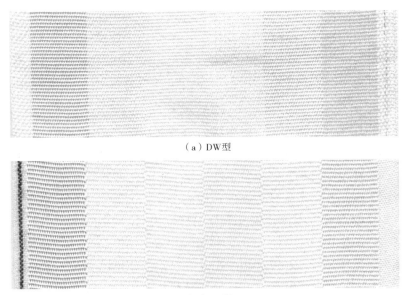

（a）DW型

（b）TV型

图 4-4　多纤维贴衬

 看一看：扫描二维码，观看使用评定变色用及沾色用灰色样卡进行变色评级视频。

评定变色用灰色样卡
进行变色评级

评定沾色用灰色样卡
进行沾色评级

练一练：

（1）判断：灰色样卡是对纺织品色牢度评级时，对照用的标准样卡，只有变色样卡一种。（　　）

（2）判断：在蓝色羊毛标样中，5级相比4级不易褪色，为了达到和4级在相同条件下产生同等程度的褪色，其约需增加一倍的时间。（　　）

（3）填空：在纺织品色牢度中进行评价的指标是色牢度等级，分为（　　　）和（　　　）。

（4）选择：在标准贴衬织物的描述中，下列说法不正确的是（　　　）。

A. 标准贴衬织物分单纤维和多纤维两种。

B. 标准贴衬织物是经特殊工艺制成的斜纹织物。

C. 标准贴衬织物是特制白色织物。

D. 多纤维贴衬织物分为 TV 型和 DW 型。

学习任务 4-2 纺织品耐摩擦色牢度检测

纺织服装产品在加工、穿着和使用过程中，会与所接触面产生摩擦，在某些场合下还会在湿态下产生摩擦，此时如果产品的色牢度不好，就会出现因摩擦而沾染到其所接触面的其他物品这一情况，因此对织物的耐摩擦色牢度应有一定的要求。

织物耐摩擦色牢度是指印染到织物上的色泽耐受摩擦的坚牢度。在本学习任务中，主要学习小面积法纺织品耐摩擦色牢度检测，依据的标准为 GB/T 29865—2013《纺织品 色牢度试验 耐摩擦色牢度 小面积法》，对于 GB/T 3920—2008《纺织品 色牢度试验 耐摩擦色牢度》的内容则归入在生态纺织品检测相关课程中进行学习。在 GB/T 29865—2013 是将试样分别与一块干摩擦布和一块湿摩擦布作旋转式摩擦，用沾色用灰色样卡评定摩擦布沾色程度。该方法专用于小面积印花或染色的纺织品耐摩擦色牢度试验。其被测试面积小于 GB/T 3920—2008 中的试验面积。

一、试样制取

对于织物样品，需准备尺寸不小于 25mm×25mm 的试样两块，一块用于干摩擦，一块用于湿摩擦。如试验精度要求更高，可增加试样数量。对于纱线样品，将其编织成织物，所取试样尺寸不小于 25mm×25mm，或将纱线平行缠绕在适宜尺寸的纸板上，并使纱线在纸板上均匀地铺成一层。

在试验前，将试样和摩擦布 [尺寸为（50±2）mm 的正方形] 放置在 GB/T 6529—2008 规定的标准大气下进行调湿，并在这一大气条件下测试。

二、检测实施

将试样夹持在试验仪（图 4-5）的底板上，在底板和试样之间放一块金属网（不锈钢丝直径为 1mm、网孔宽约为 20mm）或耐水细砂纸，以减少试样在摩擦过程中发生移动。摩擦布被固定在垂直加压杆末端的摩擦头上 [摩擦头直径为（25±0.1）mm，作正反向交替旋转运动，旋转角度为 405°±3°，摩擦头的另一可选直径为（16±0.1）mm]，将垂直加压杆复原到操作位置上，使试样的摩擦区域与摩擦头上的摩擦布相接触，垂直加压杆向下的压力为（11.1±0.5）N。

图 4-5 染色牢度旋转摩擦仪

1. 干摩擦

将调湿后的摩擦布平整地固定在摩擦头上，使垂直压杆作正向和反向转动摩擦共 40 次，摩擦 20 个循环，转速为每秒 1 个循环，取下摩擦布。

2. 湿摩擦

称量调湿后的摩擦布，将其完全浸入蒸馏水中，取出并排出多余水分后，重新称量，以确保摩擦布的带液率为 95%~100%，然后按干摩擦中所述操作进行测试。取下摩擦布后，需将湿摩擦布晾干。当摩擦布带液率会严重影响评级时，可以采用其他带液率，如常采用的带液率为 65%±5%。摩擦布带液率的调整用可调节的轧液装置或其他适宜装置进行。

三、评定

去除摩擦布表面上可能影响评级的多余纤维。在每个被评摩擦布的背面放置三层摩擦布，在适宜的光源下，用评定沾色用灰色样卡评定摩擦布的沾色级数。

看一看：扫描二维码，观看纺织品耐摩擦色牢度检测（小面积法）操作视频。

纺织品耐摩擦色牢度
检测（小面积法）

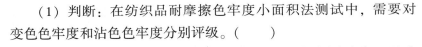练一练：

（1）判断：在纺织品耐摩擦色牢度小面积法测试中，需要对变色色牢度和沾色色牢度分别评级。（　　　）

（2）填空：在纺织品耐摩擦色牢度小面积法测试中，要准备（　　）个试样，试样尺寸不小于（　　　），施加压力为（　　　），摩擦（　　　）循环。

（3）填空：在纺织品耐摩擦色牢度小面积法中进行湿摩擦测试时，摩擦布的带液率为（　　），也可以采用其他带液率，如（　　　）。

学习任务 4-3　纺织品耐干热色牢度检测

纺织品如果经过高温，纤维内部中的部分染料会升华，由固态直接变成气态，从纤维内部逃逸至纤维外，引起纺织品的褪色。纺织品耐干热色牢度反映了纺织品的色泽抵抗干热加工过程中颜色褪去的能力。一般通过纺织品自身的变色和贴衬织物的沾色程度来反映纺织品耐干热色牢度质量的优劣。

纺织品耐干热色牢度检测依据的标准为 GB/T 5718—1997《纺织品 色牢度试验 耐干热（热压除外）色牢度》。它是将纺织品试样与一块或两块规定的贴衬织物相贴，紧密接触一个加热至所需温度的中间体，进行指定时间的受热。用灰色样卡评定试样变色和贴衬织物沾色。

一、试样制备

1. 织物试样

根据选用单纤维贴衬织物或多纤维贴衬织物而有所不同，具体如下：

（1）单纤维贴衬：取适合于测试仪加热装置尺寸的试样一块（一般为 100mm×40mm），夹于两块同尺寸单纤维贴衬织物之间，沿一短边缝合，形成一个组合试样如图 4-6（a）所示。单纤维贴衬织物的选择按照学习任务 4-1 中标准贴衬织物相关内容表述进行。

（2）多纤维贴衬：取适合于测试仪加热装置尺寸的试样一块（一般为 100mm×40mm），正面与一块同尺寸的多纤维贴衬织物相接触，沿一短边缝合，形成一个组合试样如图 4-6（b）所示。多纤维贴衬织物的选择按照学习任务 4-1 中标准贴衬织物相关内容表述进行。

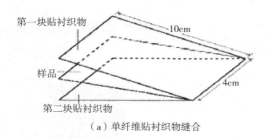
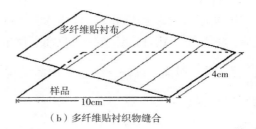

（a）单纤维贴衬织物缝合　　　　　　　　　（b）多纤维贴衬织物缝合

图 4-6　组合试样缝合示意图

2. 纱线或散纤维试样

取其量约等于贴衬织物总质量的 1/2，按下述之一来准备试样：

（1）夹于两块适合于仪器加热装置尺寸的单纤维贴衬织物之间，沿四边缝合，形成一个组合试样。

（2）放于一块适合于仪器加热装置尺寸的多纤维贴衬织物和一块同尺寸染不上色的织物之间，沿四边缝合形成一个组合试样。

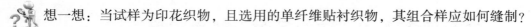想一想：当试样为印花织物，且选用的单纤维贴衬织物，其组合样应如何缝制？

二、检测实施

1. 温度选择

温度可以选择（150±2）℃、（180±2）℃、（210±2）℃之一，必要时也可以使用其他温度。

2. 测试

将组合试样置于仪器（图 4-7）加热板下，保证试样所受压力达到（4±1）kPa，热压 30s，取出组合试样。

3. 调温调湿

取出的组合试样，在 GB/T 6529—2008 规定的大气条件中放置 4h。

图 4-7　熨烫升华色牢度仪

三、结果处理

调湿后的组合试样进行评级，用灰色样卡评定试样的变色。对照未放试样而作同样处理的贴衬织物评定贴衬织物的沾色。

 看一看：扫描二维码，观看纺织品耐干热色牢度检测操作视频。

 练一练：

（1）判断：在对纺织品耐干热色牢度测试结果进行评定时，只需评定贴衬织物的沾色等级即可。（　　）

（2）填空：在纺织品耐干热色牢度检测中，试样所受压力为（　　），并需热压（　　）。

纺织品耐干热
色牢度检测

学习任务4-4　纺织品耐热压色牢度检测

为保持织物平整挺括，在纺织品加工和日常使用维护过程中往往需要对织物采取熨烫（热压）整理。纺织品耐热压色牢度反映了纺织品颜色对热压和耐热滚筒加工过程中各种作用的抵抗能力，通过纺织品自身的变色和贴衬织物的沾色程度来反映纺织品耐热压色牢度质量的优劣，是评价纺织品染色牢度的重要指标之一。

纺织品耐热压色牢度检测依据的标准为GB/T 6152—1997《纺织品 色牢度试验 耐热压色牢度》。它是将纺织品试样与一块棉标准贴衬织物放在一起，置于加热至规定温度的热板下，进行指定时间的热压来完成，用灰色样卡评定试样变色和贴衬织物沾色。依纺织品的最终用途，可决定试样在干态、潮态、湿态下进行热压测试。

一、试样制备

1. 织物试样

若试样是织物，取100mm×40mm试样一块。

2. 纱线试样

若试样是纱线，将纱线编成织物，按织物试样制备，或将纱线紧密地绕在一块尺寸为100mm×40mm的薄热惰性材料上，形成一个仅为纱线厚度的薄层。

3. 纤维试样

若试样是散纤维，取足够量，梳压成100mm×40mm的薄层，并缝在一块棉贴衬织物上，以作支撑。

二、检测实施

加压温度可根据纤维类型和织物或服装的组织结构来确定，通常选择（110±2）℃、

（150±2）℃、（200±2）℃这三种温度之一，必要时也可以使用其他温度。测试混纺产品时，建议所用的温度与最不耐热的纤维相适应。

经受过任何加热和干燥处理的试样，必须在测试前在 GB/T 6529—2008 规定的标准大气条件下进行调湿。下平板应始终覆盖石棉板、羊毛法兰绒和干的未染色棉布。测试用设备同图 4-7。

1. 干压

把干试样置于覆盖在羊毛法兰绒衬垫的棉布上，放下加热装置的上平板，使试样在规定温度下受压（4±1）kPa 达 15s。

2. 潮压

把干试样置于覆盖在羊毛法兰绒衬垫的棉布上，取一块 100mm×40mm 的棉贴衬织物浸在三级水中，经挤压或甩水使之含有自身质量的水分，放在干试样上面，放下加热装置的上平板，使试样在规定温度下受压（4±1）kPa 达 15s。

3. 湿压

将试样和一块 100mm×40mm 的棉贴衬织物浸在三级水中，经挤压或甩水使之含有自身质量的水分后，把湿的试样置于覆盖在羊毛法兰绒衬垫的棉布上，再把湿的棉贴衬织物放在湿的试样上面，放下加热装置的上平板，使试样在规定温度下受压（4±1）kPa 达 15s。

在耐热压色牢度检测中，三种状态测试的顺序应为干压→潮压→湿压，在两次试验过程中，隔热石棉板必须冷却，湿的羊毛衬垫必须烘干。

三、结果处理

立即用相应的灰色样卡，评定试样的变色。试样在标准大气条件下调湿 4h 后再作一次评定。

用评定沾色用灰色样卡评定棉贴衬织物的沾色。应选用棉贴衬织物沾色较重的一面进行评定，而不一定是与织物接触的那一面。

 想一想：对比简述耐干热色牢度和耐热压色牢度检测的区别？

 看一看：扫描二维码，观看纺织品耐热压色牢度检测操作视频。

 练一练：

纺织品耐热压
色牢度检测

（1）判断：纺织品耐热压色牢度检测中潮压是指湿试样用一块干的棉贴衬织物覆盖后，在规定温度和规定压力的加热装置中受压一定时间。（　　）

（2）填空：在纺织品耐热压色牢度检测中，试样受压时间为（　　）。

（3）简答：说出纺织品耐热压色牢度检测中干压、潮压、湿压三种测试过程和注意事项。

学习任务 4-5　纺织品耐皂洗色牢度检测

皂洗是纺织服装产品在维护过程中常见的一种洗涤方式，肥皂溶液对产品上的染料有乳化和剥色作用，容易造成产品的褪色。纺织品耐皂洗色牢度指纺织品的色泽抵抗肥皂溶液洗涤褪色的牢度，通过纺织品自身的变色和其他织物的沾色程度来反映纺织品耐皂洗色牢度质量的优劣，是评价纺织品染色牢度的重要指标之一。

纺织品耐皂洗色牢度检测依据的标准为 GB/T 3921—2008《纺织品 色牢度试验耐皂洗色牢度》。它是将纺织品试样与一块或者两块规定的标准贴衬织物缝合在一起，置于皂液或肥皂和无水碳酸钠混合液中，在规定时间和温度条件下进行机械搅动，再经清洗和干燥。以原样作为参照样，用灰色样卡或仪器评定试样变色和贴衬织物沾色情况。

一、制备组合试样

1. 织物试样

按以下方法之一制备组合试样：

（1）取 100mm×40mm 试样一块，正面与一块 100mm×40mm 多纤维贴衬织物相接触，并沿其中一个短边缝合。

多纤维贴衬织物根据测试时的温度进行选择。含有羊毛和醋酯纤维的多纤维贴衬织物用于40℃和50℃的试验，如用于60℃的试验，需在实验报告中注明；不含有羊毛和醋酯纤维的贴衬织物用于60℃的试验和所有95℃的试验。

（2）取 100mm×40mm 试样一块，夹在两块 100mm×40mm 单纤维贴衬织物之间，并沿其中一个短边缝合。

单纤维贴衬织物选取时第一块与试样的同类纤维制成，第二块选取见表4-2。如试样为混纺或交织品，则第一块由主要含量的纤维制成，第二块由次要含量的纤维制成或另作规定。

表 4-2　单纤维贴衬织物选择

第一块	第二块	
	40℃和50℃的试验	60℃和95℃的试验
棉	羊毛	黏胶纤维
羊毛	棉	—
丝	棉	—
麻	羊毛	黏胶纤维
黏胶纤维	羊毛	棉

第一块	第二块	
	40℃和50℃的试验	60℃和95℃的试验
醋酯纤维	黏胶纤维	黏胶纤维
聚酰胺纤维	羊毛或棉	棉
聚酯纤维	羊毛或棉	棉
聚丙烯腈纤维	羊毛或棉	棉

2. 散纤维试样

取散纤维试样，质量约为所选贴衬织物总量的一半，贴衬织物选取同织物试样，并按以下方法之一制备组合试样：

（1）夹于一块 100mm×40mm 多纤维贴衬织物及一块 100mm×40mm 染不上色的织物之间，沿四边缝合。

（2）夹于两块 100mm×40mm 规定的单纤维贴衬织物之间，沿四边缝合。

3. 纱线试样

可将纱线编织成织物，按照织物试样方式制备组合试样。也可采用和散纤维试样一样的方式制备组合试样。

对制取的组合试样用精度为 0.01g 的天平进行称重，单位为 g。

二、配制皂液

皂液分为两种，一种为每升水中含 5g 肥皂的皂液，另一种为每升水中含 5g 肥皂和 2g 碳酸钠的皂液。配制时将肥皂充分地分散溶解在温度为（25±5）℃的三级水中，搅拌时间为（10±1）min。

根据试验条件选择配置皂液，5g/L 肥皂的皂液适用于方法 A 和 B；5g/L 肥皂+2g/L 无水碳酸钠的皂液适用于方法 C、D、E，见表 4-3。

表 4-3　试验条件

试验方法编号	温度（℃）	时间（min）	钢珠数	碳酸钠
A（1）	40	30	0	—
B（2）	50	45	0	—
C（3）	60	30	0	+
D（4）	95	30	10	+
E（5）	95	240（4h）	10	+

注　应将含荧光增白剂和不含荧光增白剂的试验所用容器清楚分开。

三、检测实施

1. 皂洗

将组合试样及规定数量的不锈钢珠放在容器内，根据组合样的重量，按照 50∶1 的浴比，依据表 4-3 注入相应温度和需要量的皂液，盖上容器并放入仪器内（图 4-8），立即按表 4-3 规定的温度和时间进行操作，并开始计时。

图 4-8　耐洗色牢度试验机

2. 清洗干燥

洗涤结束后，取出组合试样，分别放在三级水中清洗两次，然后在流动水中冲洗至干净，最后用手挤去组合试样上过量的水分。如需要，对于四边缝线的组合试样留一个短边上的缝线，去除其余缝线，展开组合试样。将试样放在两张滤纸之间挤压除去多余水分，再将其悬挂在 60℃的空气中干燥。试样与贴衬仅由一条缝线连接。

四、结果处理

用灰色样卡或仪器，对比原始试样，评定试样的变色和贴衬织物的沾色。

看一看：扫描二维码，观看纺织品耐皂洗色牢度检测操作视频。

纺织品耐皂洗
色牢度检测

练一练：

（1）选择：在进行纺织品耐皂洗色牢度检测时，如果测试样为 70/30 涤棉织物，则单纤维贴衬织物是（　　　）。

A. 第一块贴衬织物为涤纶贴衬布，第二块贴衬织物为羊毛贴衬布。

B. 第一块贴衬织物为棉贴衬布，第二块贴衬织物为涤纶贴衬布。

C. 第一块贴衬织物为涤纶贴衬布，第二块贴衬织物为棉贴衬布。

D. 第一块贴衬织物为羊毛贴衬布，第二块贴衬织物为涤纶贴衬布。

（2）判断：纺织品耐皂洗色牢度检测中，在容器内放入组合试样及钢珠后（部分需要），再按照浴比注入常温的皂液后，即可盖上容器放入机器内进行测试。（　　　）

（3）填空：在纺织品耐皂洗色牢度检测中，皂液配制时为每升水中含（　　　）g 肥皂，所加皂液的浴比为（　　　），测试中某组合试样的重量为 1.5g，则应加皂液（　　　）。

学习任务 4-6 纺织品耐人造光色牢度检测

　　纺织品在光的照射下，染料吸收光能，能级提高，分子处于激发状态，染料分子的发色体系发生变化或遭到破坏，导致染料分解，引起纺织品发生变色或褪色。纺织品耐人造光色牢度是指纺织品的颜色在相当于日光的人造光作用下，保持原有色泽的能力。日晒褪色是一个比较复杂的光化学变化过程，它与染料的结构、染色浓度、纤维种类、外界大气条件等都有关系。

　　纺织品耐人造光色牢度检测依据的标准为 GB/T 8427—2008《纺织品 色牢度试验 耐人造光色牢度：氙弧》。它是将纺织品试样与一组蓝色羊毛标样一起，在人造光源下按照规定条件暴晒，然后将试样和蓝色羊毛标样进行变色对比，评定色牢度；对于白色（漂白或荧光增白）纺织品，将试样的白度变化与蓝色羊毛标样进行对比，评定色牢度。

一、试样制备

试样的尺寸并不固定，可以变动，按试样数量和设备试样夹的形状和尺寸而定。

1. 空冷式设备

在空冷式设备中，如在同一块试样上进行逐段分期暴晒，通常使用的试样面积不小于45mm×10mm。织物试样应紧附于硬卡上，纱线试样则紧密卷绕于硬卡上或平行排列固定于硬卡上，散纤维试样则梳压整理成均匀薄层固定于硬卡上。每一试样暴晒和未暴晒面积不应小于10mm×8mm。

　　为了便于操作，可将一块或几块试样和相同尺寸的蓝色羊毛标样按图 4-9 或图 4-10 方式置于一块或多块硬卡上。

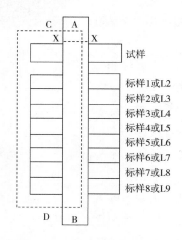

图 4-9　方法 1 装样图
AB—第一遮盖物　CD—第二遮盖物
（在 X—X 处可成折叶使它能在原处从试样和
蓝色羊毛标样上提起和复位）

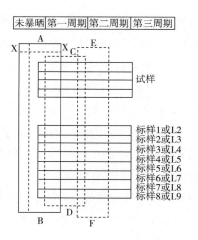

图 4-10　方法 2 装样图
AB—第一遮盖物　CD—第二遮盖物　EF—第三遮盖物
（在 X—X 处可成折叶使它能在原处从试样和
蓝色羊毛标样上提起和复位）

2. 水冷式设备

在水冷式设备中，试样夹宜放置大小约为 70mm×120mm 的试样。需要时可选用与试样夹相匹配的不同尺寸的试样。蓝色羊毛标样应放在白纸卡背衬上进行暴晒，如需要试样也可安放在白纸卡上。

使用的不透光材料如薄铝片或用铝箔覆盖的硬卡纸做的遮盖物应与试样和蓝色羊毛标样的未暴晒面紧密接触，使暴晒和未暴晒部分之间界限分明，但不可过分紧压。

试样的尺寸和形状应与蓝色羊毛标样相同，以免对暴晒与未暴晒部分目测评级时，面积较大的试样对照面积较小的蓝色羊毛标样时会出现评定偏高的误差。

对于绒头织物，应在蓝色羊毛标样下垫衬硬卡，以使光源至蓝色羊毛标样的距离与光源至绒头织物表面的距离相同，但应避免遮盖物将试样未暴晒部分的表面压平。绒头织物如毯子，具有绒面纤维或结构，小面积不易评定，则需不小于 50mm×40mm 或更大的暴晒面积。

二、暴晒条件选择

1. 欧洲的暴晒条件

本条件使用蓝色羊毛标样 1~8。

（1）通常条件（温带）：中等有效湿度，湿度控制标样 5 级，最高黑标温度 50℃。

（2）极限条件：为了检验试样在暴晒期间对不同湿度的敏感性，可使用以下极限条件。低有效湿度，湿度控制标样 6~7 级，最高黑标温度 65℃。高有效湿度，湿度控制标样 3 级，最高黑标温度 45℃。

2. 美国的暴晒条件

本条件使用蓝色羊毛标样 L2~L9。黑标温度（63±1）℃，仪器试验箱内相对湿度 30%±5%，低有效湿度，湿度控制标样的色牢度为 6~7 级。

三、调节湿度

（1）检查设备是否处于良好的运转状态，氙灯是否洁净。

（2）将一块不小于 45mm×10mm 的湿度控制标样与蓝色羊毛标样一起装在硬卡上，并尽可能使之置于试样夹的中部。

（3）将装妥的试样夹安放于设备的试样架上，试样架上所有的空档都要用没有试样而装着硬卡的试样夹全部填满。

（4）开启氙灯后，设备需连续运转到试验完成。除非需要清洗氙灯或因灯管滤光片已到规定使用期限需进行调换。

（5）将部分遮盖的湿度控制标样与蓝色羊毛标样同时进行暴晒，直至湿度控制标样上暴晒和未暴晒部分间的色差达到灰色样卡 4 级。

（6）在此阶段评定湿度控制标样的耐光色牢度，必要时可调节设备上的控制器，以获得选定的暴晒条件。每天检查，必要时重新调节控制器，以保持规定的黑板温度（黑标温度）和湿度。

四、暴晒方法

在预定的条件下，对试样（或一组试样）和蓝色羊毛标样同时进行暴晒，仪器如图4-11

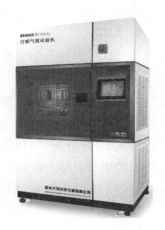

所示。其方法和时间要以能否对照蓝色羊毛标样完全评估出每块试样的色牢度为准。在整个试验过程中要逐次遮盖试样和蓝色羊毛标样（方法1或方法2）。也可使用其他的遮盖顺序，例如遮盖试样及蓝色羊毛标样的两侧，暴晒中间的1/3或1/2。在GB/T 8427—2008中共涉及暴晒方法5种，其中最为常用的为方法3。

1. 方法1

本方法被认为是5种方法中最精确的，在评级有争议时应予采用，其基本特点是通过检查试样来控制暴晒周期，故每块试样需配备一套蓝色羊毛标样。

图4-11　日晒气候试验机

将试样和蓝色羊毛标样按照图4-9所示排列，将遮盖物AB放在试样和蓝色羊毛标样的中段1/3处。在规定的暴晒条件（氙灯）下暴晒。不时提起遮盖物AB，检查试样的光照效果，直至试样的暴晒和未暴晒部分间的色差达到灰色样卡4级。用另一个遮盖物CD遮盖试样和蓝色羊毛标样的左侧1/3处，在此阶段，注意光致变色的可能性。如试样是白色（漂白或荧光增白）纺织品即可终止暴晒。

继续暴晒，直至试样的暴晒部分和未暴晒部分的色差等于灰色样卡3级。如果蓝色羊毛标样7或L7的褪色比试样先达到灰色样卡4级，此时暴晒即可终止。

2. 方法2

本方法适用于大量试样同时测试的情况。其基本特点是通过检查蓝色羊毛标样来控制暴晒周期，只需要一套蓝色羊毛标样对一批具有不同耐光色牢度的试样试验，从而节省蓝色羊毛标样的用料。

试样和蓝色羊毛标样按照图4-10所示排列。用遮盖物AB遮盖试样和蓝色羊毛标样总长的1/5~1/4。在规定的暴晒条件（氙灯）下暴晒。不时提起遮盖物AB，检查蓝色羊毛标样的光照效果。当能观察出蓝色羊毛标样2的变色达到灰色样卡3级或L2的变色等于灰色样卡4级，并对照在蓝色羊毛标样1、2、3或L2上所呈现的变色情况，评定试样的耐光色牢度（这是耐光色牢度的初评）。在此阶段应注意光致变色的可能性。

将遮盖物AB重新准确地放在原先位置，继续暴晒，直至蓝色羊毛标样4或L3的变色与灰色样卡4级相同。这时再按图4-10所示位置放上另一遮盖物CD，重叠盖在第一个遮盖物AB上。继续暴晒，直到蓝色羊毛标样6或L4的变色等于灰色样卡4级。然后，按照图4-10所示的位置放上最后一个遮盖物EF，其他遮盖物仍保留原处。

继续暴晒，直到下列任一种情况出现为止：在蓝色羊毛标样7或L7上产生的色差等于灰色样卡4级；在最耐光的试样上产生的色差等于灰色样卡3级；白色纺织品（漂白或荧光增白），在最耐光的试样上产生的色差等于灰色样卡4级。

3. 方法 3

本方法适用于核对与某种性能规格是否一致，允许试样只与两块蓝色羊毛标样一起暴晒，一块按规定为最低允许牢度的蓝色羊毛标样和另一块更低牢度的蓝色羊毛标样。连续暴晒，直到在最低允许牢度的蓝色羊毛标样的分段面上等于灰色样卡 4 级（第一阶段）和 3 级（第二阶段）的色差。白色纺织品（漂白或荧光增白）晒至最低允许牢度的蓝色羊毛标样分段面上等于灰色样卡 4 级。

4. 方法 4

本方法适用于检验是否符合某一商定的参比样，允许试样只与这块参比样一起暴晒。连续暴晒，直到参比样上等于灰色样卡 4 级和（或）3 级的色差。白色纺织品（漂白或荧光增白）晒至参比样等于灰色样卡 4 级。

5. 方法 5

本方法适用于核对是否符合认可的辐照能值，可单独将试样暴晒，或与蓝色羊毛标样一起暴晒，直到达到规定辐照量为止，然后和蓝色羊毛标样一同取出，评级。

想一想：为何蓝色羊毛标样 7 或 L7 的褪色比试样先达到灰色样卡 4 级，暴晒即可终止？

五、结果评定

（1）在试样的暴晒和未暴晒部分间的色差等于灰色样卡 3 级的基础上，作出耐光色牢度级数的最后评定。白色纺织品（漂白或荧光增白）在试样的暴晒和未暴晒部分间的色差达到灰色样卡 4 级的基础上，作出耐光色牢度级数的最后评定。

（2）移开遮盖物，试样蓝色羊毛标样露出实验后的两个或三个分段面，其中有的已暴晒过多次，连同至少一处未受到暴晒的，在合适的照明下比较试样和蓝色羊毛标样的相应变色。白色纺织品（漂白或荧光增白）的评级应使用人造光源，除非另有规定。

试样的耐光色牢度即为显示相似变色（试样暴晒和未暴晒部分间的目测色差）的蓝色羊毛标样的号数。如果试样所显示的变色更近于两个相邻蓝色羊毛标样的中间级数，而不是近于两个蓝色羊毛标样中的一个，则应给予一个中间级数，如 3-4 级或 L2-L3 级。如果不同阶段的色差上得出了不同的评定，则可取其算术平均值作为试样耐光色牢度，以最接近的半级或整级来表示，当级数的算术平均值是 1/4 或 3/4 时，则评定应取其邻近的高半级或一级。为了避免由于光致变色性导致耐光色牢度发生错评，应在评定耐光色牢度前，将试样放在暗处，在室温下保持 24h。

（3）如试样颜色比蓝色羊毛标样 1 或 L2 更易褪色，则评为 1 级或 L2 级。

（4）用一个约为灰色样卡 1 级和 2 级之间的中性灰色的遮框遮住试样，并用同样孔径的遮框依次盖在蓝色羊毛标样周围，这样便于对试样和蓝色羊毛标样的变色进行对比。

（5）如耐光色牢度等于或高于 4 级或 L3 级，初评就显得很重要（见方法 2 中有关初评的表述）。如果初评为 3 级或 L2 级，则应把它置于括号内。例如评级为 6（3）级，表示在试验中蓝色羊毛标样 3 刚开始褪色时，试样也有很轻微的变色，但再继续暴晒，它的耐光色牢度与蓝色羊毛标样 6 相同。

（6）如试样具有光致变色性，则耐光色牢度级数后应加一个括号，其内写上一个 P 字和光致变色试验的级数，例如 6（P3-4）级。变色包括色相、彩度、亮度的各个变化，或这些颜色特性的任何综合变化。

（7）试样与规定的蓝色羊毛标样或一个符合商定的参比样一起暴晒，然后对试样和参比样及蓝色羊毛标样的变色进行比较和评级。若试样的变色不大于规定蓝色羊毛标样或参比样，则耐光色牢度定为"符合"；如果试样的变色大于规定蓝色羊毛标样或参比样，则耐光色牢度定为"不符合"。

（8）方法 5 的色牢度评定是用 GB/T 250—2008 变色用灰色样卡对比或用蓝色羊毛标样对比。

 看一看：扫描二维码，观看纺织品耐人造光色牢度检测操作视频和蓝色羊毛标样评级视频。

纺织品耐人造光
色牢度检测

蓝色羊毛标样评级

练一练：

（1）填空：在纺织品耐人造光色牢度检测中，暴晒条件有两种，分别为（　　）和（　　），分别对应使用蓝色羊毛标样（　　）和（　　）。

（2）判断：在纺织品耐人造光色牢度测试中，试样的尺寸和形状应与蓝色羊毛标样相同。（　　）

（3）选择：在下列蓝色羊毛标样的描述中，不正确的是（　　）。

A. 欧洲研制和生产的蓝色羊毛标样编号为 1~8，每一较高编号蓝色羊毛标样的耐光色牢度比前一编号约高一倍。

B. 美国研制和生产的蓝色羊毛标样编号为 L2~L9，每一较高编号蓝色羊毛标样的耐光色牢度比前一编号约高一倍。

C. 欧标和美标的蓝色羊毛标样，均可使用，褪色性能类似，因此两组标样所得结果可互换。

D. 蓝色羊毛标样（简称蓝标），是指评定印染织物耐光、耐气候牢度时，用作对比的一套可表示八级不同褪色程度的蓝色羊毛织物标样。

（4）简答：请比较并简述纺织品耐人造光色牢度检测中方法 1 和方法 2 的区别。

学习情境 5　织物舒适性能检测

学习目标

1. 能够说出织物舒适性能检测的主要项目及对应评测指标；
2. 能够查阅相关织物舒适性能检测项目标准；
3. 通过对应学习任务及辅以在线课程的学习，能够使用仪器实施具体织物舒适性能项目检测；
4. 能够针对具体的织物舒适性能项目检测填写检测报告。

学习任务 5-1　织物防水性能检测

织物的透水性是指液态水从织物的一面渗透到另一面的性能，而织物的防水性是指其抵抗被水润湿和渗透的性能。不同用途的织物，其对透水、防水性的要求也不尽相同，如对过滤类用布、防淤堵用土工布等应具有良好的透水性，而对雨衣、帐篷、户外运动服等则应有良好的防水性。

对于织物防水性能的检测，随织物的实际使用情况不同，应采用不同的方法进行，主要有静水压法、沾水法和水平喷射淋雨法，相应的表征指标主要有抗静水压等级、沾水等级、水渗透量等。依据的标准为 GB/T 4744—2013《纺织品 防水性能的检测和评价 静水压法》、GB/T 4745—2012《纺织品 防水性能的检测和评价 沾水法》、GB/T 23321—2009《纺织品 防水性 水平喷射淋雨试验》。

想一想： 查阅资料，说一说可采取哪些方式使织物具有防水性能？

一、方法的适用性

1. 静水压法

静水压法主要用于测定织物的抗渗水性，它是以织物承受的静水压来表示水透过织物所遇到的阻力，具体的是在标准大气条件下，以织物的一面承受持续上升的水压，当另一面出现三处渗水点为止，记录第三处渗水点出现时的压力值，以此评价织物的防水性能。

2. 沾水法

沾水法主要用于测定织物的表面抗湿性，它是以织物在与水平面呈45°时，试样中心位置与喷嘴下方保持一定距离，用一定量的蒸馏水或去离子水喷淋试样，如图5-1所示。通过试样外观与沾水现象描述以及图片的比较（图5-2），确定织物沾水等级，并评价织物的防水性能。

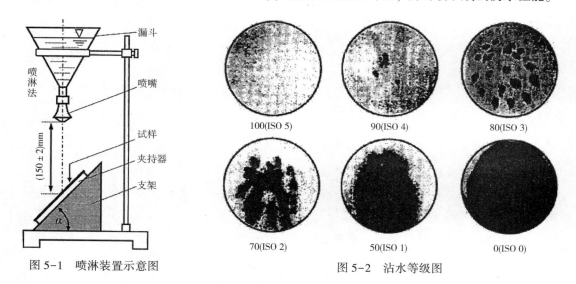

图5-1　喷淋装置示意图

图5-2　沾水等级图

3. 水平喷射淋雨法

水平喷射淋雨法主要用于测定织物抵抗一定冲击强度喷淋水的渗透性，它是以背面附有质量已知吸水纸的试样在规定条件下用水喷淋5min，然后重新称量吸水纸的质量，通过吸水纸质量的增加来测定在规定试验过程中渗过试样的水的质量。

二、试样制取

对于静水压法和沾水法，应按GB/T 6529—2008规定对试样进行调湿取样和测试，也可经相关方商议后在室温或实际环境下进行，沾水法要求调湿至少4h，在水平喷射淋雨法中则是按GB/T 6529—2008规定对试样和吸水纸调湿至少4h或经相关方商议后在一般环境下进行。具体的试样制取要求见表5-1。

表5-1　试样制取要求

	静水压法	沾水法	水平喷射淋雨法
取样数量	至少5块	至少3块	至少3块
尺寸	试样尺寸应满足试验面积达100cm²的要求	至少180mm×180mm	约为200mm×200mm
细节要求	（1）从织物的不同部位裁取； （2）宜避开很深褶皱或折痕部位； （3）需测定接缝处静水压时，应使其处于试样中间位置； （4）可不剪下试样	（1）织物不同部位裁取； （2）不应有折皱或折痕	将尺寸为150mm×150mm经称量的吸水纸贴合在试样背面

三、检测实施

对制取好的试样采用如图 5-3 所示相应的仪器进行检测，三种方法的具体检测实施步骤见表 5-2。

（a）织物渗水性检测仪

（b）织物沾水度检测仪

（c）织物防雨水性能检测仪

图 5-3 织物防水性能检测仪器

表 5-2 织物防水性能检测实施步骤

方法 步骤	静水压法	沾水法	水平喷射淋雨法
1	夹持试样：擦净夹持装置表面的试验用水，夹持调湿后的试样，确保试样正面与水面接触	夹持试样：将调湿后的试样用夹持器夹紧放在支座上，确保正面朝上，并确保织物经向或长度方向与水流方向一致	夹持试样：将背面贴合有吸水纸的试样夹持在试样夹持器上，并固定在垂直的刚性支架上，使试样位于正对喷口面距离 305mm 的位置
2	施加水压：以（6.0±0.3）kPa/min［（60±3）cm H₂O/min］的水压上升速率对试样施加持续递增的水压，并观察渗水现象	持续喷淋：250mL 的试验用水迅速而平稳地倒入漏斗，持续喷淋 25～30s	水平喷淋：在规定的压力水头下，试验用水定向对试样持续水平喷淋 5min
3	记录数值：记录试样上第三处水珠刚出现时的静水压值	敲打并评级：喷淋停止，立即将夹持有试样的夹持器拿开，使织物正面向下呈水平，对着一固体硬物轻轻敲打一下夹持器，水平旋转夹持器 180° 后再次轻轻敲打一下。对敲打结束的试样按照沾水现象描述进行正面润湿程度评级	称重记录：喷淋结束后，取下吸水纸立即进行称量，精确至 0.1g

方法 步骤	静水压法	沾水法	水平喷射淋雨法
注意点	（1）无法确定织物正面时，如有涂层，则以涂层一面与水面接触，否则将两面分别测试； （2）可采用其他水压上升速率，但需在报告中注明； （3）形成以后不再增大的细微水珠不予考虑，同一处连续渗出的水珠不做累计，第三处水珠出现在夹持边缘并导致所测数值低于同一样品其他试样的最低值时，应予以剔除，另行增补试样进行测试，直至获得正常结果； （4）出现织物破裂水柱喷出或复合织物充水鼓起现象，记录此时的压力值，并在报告中注明	夹持器放置在固定底座上，与水平呈45°，试样中心距喷嘴中心表面下方（150±2）mm	根据产品的种类，协商确定一个压力水头，典型的量程为610～1830mm，305mm为一挡，依次增加

四、结果和评价

1. 静水压法

在获得测试结果后，记录每个试样的静水压值 kPa，再取均值 P，保留一位小数。如同一样品有不同类型试样，应分别计算。如果需要可根据结果按表5-3进行织物抵抗被水渗透的程度即抗静水压等级和防水性能评价。

表5-3　抗静水压等级和防水性能评价

抗静水压等级	静水压值 P（kPa）	防水性能评价
0级	$P<4$	抗静水压性能差
1级	$4 \leqslant P<13$	具有抗静水压性能
2级	$13 \leqslant P<20$	
3级	$20 \leqslant P<35$	具有较好的抗静水压性能
4级	$35 \leqslant P<50$	具有优异的抗静水压性能
5级	$50 \leqslant P$	

注　不同水压上升速率测得的静水压值不同，本表中的评价按照6.0kPa/min的水压上升速率得出。

2. 沾水法

按照表5-4中沾水现象描述或图5-2确定织物表面抵抗被水润湿的程度即试样沾水等级，对于深色织物，图片对比效果不佳，则主要依据表5-4进行沾水等级确定。并可以计算所有试样沾水等级的平均值，修约至最接近的整数级或半级，按表5-5进行防水性能评价。

表 5-4　沾水等级描述

沾水等级	沾水现象描述
0 级	整个试样表面完全润湿
1 级	受淋表面完全润湿
1-2 级	试样表面超出喷淋点处润湿，润湿面积超出受淋表面一半
2 级	试样表面超出喷淋点处润湿，润湿面积约为受淋表面一半
2-3 级	试样表面超出喷淋点处润湿，润湿面积少于受淋表面一半
3 级	试样表面超出喷淋点处润湿
3-4 级	试样表面等于或少于半数的喷淋点处润湿
4 级	试样表面有零星的喷淋点处润湿
4-5 级	试样表面没有润湿，有少量水珠
5 级	试样表面没有水珠或润湿

表 5-5　防水性能评价

沾水等级	防水性能评价	沾水等级	防水性能评价
0 级	不具有抗沾湿性能	3 级	具有抗沾湿性能
1 级		3-4 级	具有较好的抗沾湿性能
1-2 级	抗沾湿性能差	4 级	具有很好的抗沾湿性能
2 级		4-5 级	具有优异的抗沾湿性能
2-3 级	抗沾湿性能较差	5 级	

3. 水平喷射淋雨法

以吸水纸质量的增加量作为水的渗透值，并取平均值。如结果均值或单个试样值超过 5g，简记为"5+g"或">5g"。也可以根据不同压力水头下测得的平均渗透值绘制出试样抗渗透性的完整曲线。通过增加压力水头值测得：没有渗透现象发生时的最大压力水头；随着压力水头的增加，织物渗水性发生改变；发生"穿透"现象时的最小压力水头，也即渗透水超过 5g 时的压力水头。每一压力水头下至少测试三块试样，计算得平均渗透值。

想一想：对于织物防水性能检测的 3 种方法，说一说各自的特点。

看一看：扫描二维码，观看纺织品防水性能检测（静水压法）、纺织品防水性能检测（沾水法）和纺织品防水性能检测（水平喷射淋雨法）操作视频。

纺织品防水性能检测
（静水压法）

纺织品防水性能检测
（沾水法）

纺织品防水性能检测
（水平喷射淋雨法）

练一练：

（1）判断：某织物采用静水压法进行防水性能检测，其静水压值为 25.1kPa，3 级，认为该织物具有优异的抗静水压性能。（   ）

（2）判断：采用沾水法对某织物进行防水性能检测，经判定该织物沾水等级为 0-1 级，认为其不具有抗沾湿性能。（   ）

（3）填空：在静水压法防水性能检测中，试样承受持续上升水压的面积为（   ），当织物的一面出现了（   ）渗水点，此时应停止测试并记录静水压值。

（4）填空：在沾水法防水性能检测中，试样裁取尺寸为（   ），应取（   ）块，受（   ）通过漏斗持续喷淋（   ）。

（5）填空：在防水性能检测水平喷射淋雨法测试中，裁取至少（   ）试样，尺寸为（   ），并用尺寸为（   ）的吸水纸贴合在试样背面，用水在一定的水头压力下喷淋（   ）。

学习任务 5-2 织物透湿性能检测

湿气透过织物的性能称为透湿性。织物透湿实质是水的气相传递，当织物两边的水汽压力不同时，水汽会从高压一边透过织物流向另一边。服装用织物的透湿性是一项重要的舒适、卫生性能，它直接关系到织物排放汗汽的能力。无论夏天还是冬天，人体都会不断地散发汗汽，当人体皮肤表面散热蒸发的水汽不易透过织物及时扩散向外排出时，就会在皮肤与织物之间形成高湿区域，使人体感觉不适，若汗汽能很快通过织物散发排出时，人体就会感到舒适。特别是内衣和运动服、鞋布、防护工作服、休闲服应具有很好的透湿性。

对于织物透湿性能的检测，主要有吸湿法和蒸发法，它是把盛有干燥剂（或一定温度的蒸馏水）并封以织物试样的透湿杯放置于规定温度和湿度的密封环境中，根据一定时间内透湿杯质量的变化计算出试样透湿率、透湿度和透湿系数。吸湿法依据的标准为 GB/T 12704.1—2009《纺织品 织物透湿性能试验方法 第 1 部分：吸湿法》、它适用于厚度 10mm 以内的各类织物，不适用于透湿率大于 $29000g/(m^2 \cdot 24h)$ 的织物。蒸发法依据的标准为 GB/T 12704.2—2009《纺织品 织物透湿性能试验方法 第 2 部分：蒸发法》，它适用于厚度在 10mm 以内的各类片状织物，又分为方法 A 正杯法和方法 B 倒杯法，其中倒杯法仅适用于防水透气织物。

想一想：查阅资料，请你说一说可以通过哪些途径来提高织物透湿性。

一、测试指标

1. 透湿率（WVT）

透湿率为在试样两面保持规定的温湿度条件下，规定时间内垂直通过单位面积试样的水蒸气质量，以 g/（m² · h）或 g/（m² · 24h）为单位。

2. 透湿度（WVP）

透湿度为在试样两面保持规定的温湿度条件下，单位水蒸气压差下，规定时间内垂直通过单位面积试样的水蒸气质量，以 g/（m² · Pa · h）为单位。

3. 透湿系数（PV）

透湿系数为在试样两面保持规定的温湿度条件下，单位水蒸气压差下，单位时间内垂直透过单位厚度、单位面积试样的水蒸气质量，以 g · cm/（cm² · s · Pa）为单位。

二、试样准备

样品应在距布边 1/10 幅宽，距匹端 2m 外裁取，具有代表性。从每个样品上至少剪取三块试样，每块试样直径为 70mm。对两面材质不同的样品，若无特别指明，应在两面各取三块试样。对于涂层织物，试样应平整、均匀，不得有孔洞、针眼、皱折、划伤等缺陷。如对试验精确度要求较高时，在样品中应另多取一个试样用于空白试验。取好的试样按 GB/T 6529—2008 规定进行调湿。

三、检测实施

（一）测试条件

主要有三种条件，优先选取第一种条件，并可根据需要选用第二、第三种及其他条件。

条件一：温度（38±2）℃，相对湿度 90%±2%；

条件二：温度（23±2）℃，相对湿度 50%±2%；

条件三：温度（20±2）℃，相对湿度 65%±2%。

（二）吸湿法

（1）向清洁、干燥的透湿杯（图 5-4）内装入约 35g 干燥剂，装入的干燥剂应形成一个平面，干燥剂装填高度应距试样下表面 4mm 左右。用作空白试验的杯中不加干燥剂。

（2）将试样测试面朝上放置在透湿杯上，装上垫圈和压环，旋上螺帽，再用乙烯胶带从侧面封住压环、垫圈和透湿杯，组成试验组合体。

（3）迅速将试验组合体水平放置在已达到设定参数的织物透湿量仪（图 5-5）内，经过 1h 平衡后取出。

（4）迅速盖上对应杯盖，放在 20℃ 左右的硅胶干燥器中平衡 0.5h，按编号逐一称量，精确至 0.001g，每个试验组合体称量时间不超过 15s。称量后轻微振动杯中的干燥剂，使其上下混合，以免长时间使用上层干燥剂使其干燥效果减弱，振动过程中应尽量避免使干燥剂与试样接触。

（5）除去杯盖，迅速将试验组合体放入试验箱内，经过 1h 的试验后取出，按照上一步中描述的规定称量，每次称量试验组合体的先后顺序应一致。

（6）干燥剂吸湿总增量不得超过 10%。

（三）蒸发法

1. 方法 A（正杯法）

（1）用量筒精确量取与试验条件温度相同的蒸馏水 34mL，注入清洁、干燥的透湿杯内，使水距试样下表面位置 10mm 左右。

图 5-4　透湿杯

图 5-5　织物透湿量仪

（2）将试样测试面朝下放置在透湿杯上，装上垫圈和压环，旋上螺帽，再用乙烯胶带从侧面封住压环、垫圈和透湿杯，组成试验组合体。

（3）将试验组合体水平放置在已达到设定参数的试验箱内，经过 1h 平衡后，按编号在箱内逐一称量，精确至 0.001g。若在箱外称重，每个试验组合体称量时间不超过 15s。

（4）经过试验时间 1h 后，再按上一步中描述的规定以同一顺序称量。如试样透湿率过小，可延长试验时间，并在报告中说明。

（5）整个过程中要保持试验组合体水平，避免杯内的水沾到试样的内表面。

2. 方法 B（倒杯法）

（1）用量筒精确量取与试验条件温度相同的蒸馏水 34mL，注入清洁、干燥的透湿杯内。

（2）将试样测试面朝上放置在透湿杯上，装上垫圈和压环，旋上螺帽，再用乙烯胶带从侧面封住压环、垫圈和透湿杯，组成试验组合体。

（3）将整个试验组合体倒置后水平放置在已达到设定参数的试验箱内，经过 1h 平衡后，按编号在箱内逐一称量，精确至 0.001g。如在箱外称重，每个试验组合体称量时间不超过 15s。

（4）经过试验时间 1h 后，再按上一步中描述的规定以同一顺序称量。如试样透湿率过小，可延长试验时间，并在报告中说明。

四、结果处理

（一）透湿率

按式（5-1）计算，结果以三块试样的平均值表示，并按 GB/T 8170—2008 修约至三位有效数字：

$$WVT = \frac{\Delta m - \Delta m'}{A \cdot t} \qquad (5-1)$$

式中：WVT——透湿率，g/（m²·h）或 g/（m²·24h）；

　　　Δm——同一试验组合体两次称量之差，g；

　　　$\Delta m'$——空白试样的同一试验组合体两次称量之差，g；不做空白试验时，$\Delta m' = 0$；

　　　A——有效试验面积（本部分中的装置为 0.00283m²），m²；

　　　t——试验时间，h。

（二）透湿度

按式（5-2）计算，结果按 GB/T 8170—2008 修约至三位有效数字：

$$WVP = \frac{WVT}{\Delta p} = \frac{WVT}{p_{CB}(R_1 - R_2)} \qquad (5-2)$$

式中：WVP——透湿度，g/（m²·Pa·h）；

　　　Δp——试样两侧水蒸气压差，Pa；

　　　p_{CB}——在试验温度下的饱和水蒸气压，Pa；

　　　R_1——试验时试验箱的相对湿度；

　　　R_2——透湿杯内的相对湿度。

注：透湿杯内的相对湿度可按 100% 计算。

（三）透湿系数

按式（5-3）计算，结果按 GB/T 8170—2008 修约至三位有效数字：

$$PV = 1.157 \times 10^{-3} WVP \cdot d \qquad (5-3)$$

式中：PV——透湿系数，g·cm/（cm²·s·Pa）；

　　　d——试样厚度，cm。

对于两面不同的试样，若无特别说明，应分别按以上公式计算其两面的数值，并在报告中说明。

看一看：扫描二维码，观看织物透湿性能检测（吸湿法）、织物透湿性能检测（蒸发法）操作视频。

织物透湿性能
检测（吸湿法）

织物透湿性能
检测（蒸发法）

练一练：

（1）填空：表征织物透湿性的指标有（　　　）、（　　　）和（　　　）。

（2）判断：对于两面不同的织物进行透湿性测试，应分别计算两面的透湿率、透湿度和透湿系数。（　　　）

（3）选择：在织物透湿性测试（蒸发法）中，下列表述正确的是（　　　）。

A. 适用于各类片状织物。

B. 采用倒杯法时，只适合测防水透气性织物。

C. 在正杯法中，测试面朝上放置在透湿杯上。

D. 在透湿杯中蒸发法和吸湿法均放置干燥剂。

学习任务 5-3　织物透气性能检测

空气透过织物的性能称为透气性，以在规定的试验面积、压降和时间条件下，气流垂直通过试样的速率来表示，是织物透通性中最基本的性能之一，影响织物穿着舒适性和使用性能。在服用织物中，夏天服用的面料希望有较好的透气性，以获得凉爽感。而冬天用的外衣面料透气性应该较小，以保证衣服具有良好的防风性能，防止热量的大量散发。对于某些特殊用途的织物，如降落伞、船帆、服用涂层面料、宇航服等，有特定的透气要求。

织物透气性能的检测是在规定的压差条件下，测定一定时间内垂直通过试样给定面积的气流流量，计算出透气率。依据的标准为 GB/T 5453—1997《纺织品 织物透气性的测定》。

想一想：查阅资料，对比说一说织物透湿性和透气性的区别。

一、取样

根据产品标准规定的程序，或有关各方的协议取样。在没有规定的情况下，可按照下述进行：

批样按照表 2-1 的规定进行，应注意的是运输中受潮或者受损的匹布不能作为样品。从批样的每一匹布中随机剪取至少 1m 长的全幅宽作为实验室样品，但应注意至少离匹端 3m，并应确保样品没有褶皱和明显的疵点。

预调湿、调湿和试验用标准大气按 GB/T 6529—2008 的规定进行。

二、检测实施

1. 检测要求

（1）测试时应避开布边及折绉处，同一样品不同部位至少测试 10 次。

（2）试验面积 20cm²，服用织物压降 100Pa，产业用织物压降 200Pa。如上述压降达不到或不适用，经有关各方面协商后可选用50Pa或500Pa，也可选用5cm²、50cm²或100cm²的试验面积。如采用其他试验面积，应在报告中说明。但需要比较结果时，则应采用相同的试验面积和压降。

2. 检测步骤

（1）织物透气性能测试仪如图5-6所示，将试样夹持在试样圆台上，测试点应避开布边及折皱处，采用足够的张力使试样平整而又不变形。为防止漏气在试样的低压一侧（即试样圆台一侧）应垫上垫圈。当织物正反两面透气性有差异时，应在报告中注明测试面。

（2）启动测试仪，使空气通过试样，调节流量，使压力降逐渐接近规定值1min后或压力降稳定时，记录气流流量。

（3）重复上述步骤，测定至少10次。

图5-6　织物透气性能测试仪

三、结果计算

计算测定的气流量算术平均值 q_v 和变异系数（修约至最邻近的0.1%）。按式（5-4）或式（5-5）计算透气率 R，结果按照GB/T 8170—2008修约至测量范围的2%。

$$R = \frac{q_v}{A} \times 167 \text{（mm/s）} \tag{5-4}$$

$$R = \frac{q_v}{A} \times 0.167 \text{（m/s）} \tag{5-5}$$

式中：q_v——平均气流量，dm³/min（L/min）；

　　　A——试验面积，cm²；

　　167——由 dm³/（min×cm²）换算成 mm/s 的换算系数；

　0.167——由 dm³/（min×cm²）换算成 m/s 的换算系数。

 看一看：扫描二维码，观看织物透气性能检测操作视频。

 练一练：

（1）判断：透气性以在规定的试验面积、压降和时间条件下，气流垂直通过试样的速率表示。（　　）

（2）判断：在推荐的试验面积和压降下测试织物透气性，如果压降达不到或不适用，可选用不同的压降或试验面积。（　　）

（3）选择题：关于织物透气性测试，下述说法不正确的是（　　）。

织物透气性能检测

A. 在相同条件下，同一样品不同部位重复测试至少 10 次。

B. 对试样进行测试时应避开布边及折皱处。

C. 透气率单位为 mm/s 或 m/s。

D. 透气率由气流量乘以试验面积而得。

学习任务 5-4　织物热阻和湿阻的测定

织物的热湿舒适性是指织物在人体与环境之间热湿传递上，维持人体体温与肤感稳定和调节微环境温度与湿度的性能。评价这一性能可采用热阻、导热系数、克罗值、湿阻、透湿指数等物理指标进行，也可以通过暖体假人法、微气候参数法、心理学评价法等进行。

对织物热阻和湿阻的检测通常采用蒸发热板法进行。它是将试样覆盖于测试板上，测试板及其周围和底部的热护环、底部的保护板都能保持恒温，以使测试板的热量只能通过试样散失，空气可平行于试样上表面流动。当试验条件达到稳定后，测定通过试样的热流量来计算试样的热阻。对于湿阻的检测，需要在多孔测试板上覆盖透气但不透水的薄膜，进入测试板的水蒸发后以水蒸气的形式通过薄膜，所以没有液态水接触试样。试样放在薄膜上后，测定一定水分蒸发率下保持测试板恒温所需热流量，与通过试样的水蒸气压力一起计算试样湿阻。

检测依据的标准为 GB/T 11048—2018《纺织品 生理舒适性 稳态条件下热阻和湿阻的测定（蒸发热板法）》。

一、评测指标

1. 热阻 R_{ct}

热阻是指试样两面的温差与垂直通过试样的单位面积热流量之比，以 m² · K/W 为单位。它表示纺织品处于稳定的温度梯度的条件下，通过规定面积的干热流量。

2. 湿阻 R_{et}

湿阻是指试样两面的水蒸气压力差与垂直通过试样的单位面积蒸发热流量之比，以 m² · Pa/W 为单位。它表示纺织品处于稳定的水蒸气压力梯度的条件下，通过一定面积的蒸发热流量。

3. 透湿指数 i_{mt}

透湿指数是指热阻与湿阻的比值，i_{mt} 无量纲，其值介于 0 和 1 之间。i_{mt} 为 0 表明材料完全不透湿，有极大的湿阻；i_{mt} 为 1 则表明与同样厚度的空气层具有相同的热阻和湿阻。

$$i_{mt} = \frac{S \times R_{ct}}{R_{et}} \tag{5-6}$$

式中：$S = 60\text{Pa/K}$。

4. 透湿度 W_d

透湿度是由材料的湿阻和温度所决定的特性，以 $g/(m^2 \cdot h \cdot Pa)$ 为单位，按式（5-7）计算。

$$W_d = \frac{1}{R_{et} \times \phi_{T_m}} \qquad (5-7)$$

式中：ϕ_{T_m}——测试板表面温度为 T_m 时的饱和水蒸气潜热，当 $T_m = 35℃$ 时，$\phi_{T_m} = 0.627 W \cdot h/g$。

二、试样准备

1. 材料厚度 ≤5mm

每个样品至少取 3 块试样，试样要求平整、无折皱。试样尺寸应完全覆盖试验板和热护环表面，并应在试验前置于规定的试验环境中调湿至少 12h。

试验环境：测试板表面温度 T_m 为 35℃、气候室空气温度 T_a 为 20℃（测热阻）或为 35℃（测湿阻）、相对湿度为 65%（测热阻）或为 40%（测湿阻）、空气流速为 1m/s。

2. 材料厚度 >5mm

试样需要一个特殊程序以避免热量或水蒸气从其边缘散发。

在热阻的测定中，如果试样的厚度超过热护环宽度 b 的 2 倍，则应对热量在边缘处的散失进行修正。热阻和试样厚度之间线性关系的偏差按公式 $[1 + (\Delta R_{ct}/R_{ctm})]$ 确定和修正，R_{ctm} 为热阻实际测定值，通过测试利用匀质材料多层叠加（最终达到被测试样的厚度 d）对所测定的 R_{ct} 值进行修正。

如果热护环不配置像测试板那样的多孔板和供水系统，在测定湿阻时，试样应被不能渗透水蒸气的框架包围，其高度大约与试样不受外力放置时的高度一样，其内部尺寸和测试板的各边一样。

试样应在试验前置于规定的试验环境（同厚度小于 5mm 中的描述）中调湿至少 24h。

3. 其他

当样品含有松散的填充物或厚度呈不均匀状，如被子、睡袋、羽绒服等，试样按下述进行制备。

（1）每个样品至少取 3 块试样，如无法满足，应在报告中注明实际试样数。如果材料的不均匀度是由纫缝而引起，则至少要各准备 2 块试样测定热阻和湿阻。准备所规定的至少 2 块试样时，在样品的中心区域内，一块含尽可能多的纫缝数，另一块含尽可能少的纫缝数。

（2）试验时试样要放在一个高度约和试样不受外力作用时高度一致的框架中。测定热阻时，框架的内边尺寸应至少为（$L + 2b$）。测定湿阻时，框架的内边尺寸应和测试板的金属板各边尺寸 L 一致。

三、检测实施

1. 核查测试仪器的常数值

核查测试仪器的常数热阻空板值 R_{ct0} 和湿阻空板值 R_{et0}，如偏差超出仪器精度范围，应进行调整。

2. 放置试样

试样平置于测试板上，将接触人体皮肤一面朝向测试板，多层织物也如此。试样应无起泡和起皱，以避免试样与测试板间、多层织物的各层之间产生不应出现的空气层。可用防水胶带或一轻质金属架固定在试样边缘以保持其平整。

通常试样在不受张力作用、多层试样各层之间无空气缝隙的情况下测试。如果是在拉伸或受压力或夹有空气缝隙时进行，应在报告中说明。在试样厚度超过 3mm 时，应调节测试板高度以使试样的上表面与试样台平齐。

3. 测定热阻 R_{ct}

调节试验环境，在测试板上放置试样后，待 T_m、T_a、相对湿度、供给测试面板的加热功率 H 都达到稳定后，记录它们的值。

4. 测定湿阻 R_{et}

测定湿阻时，应将能透过水蒸气而不能透过水的薄膜放置在测试板上。调节试验环境，在测试板上放置试样后，待 T_m、T_a、相对湿度、H 都达到稳定后，记录它们的值。

四、结果处理

1. 热阻 R_{ct}

根据所记录数据，按式（5-8）计算，并计算所测试样热阻 R_{ct} 的算术平均值为样品的检验结果，结果保留三位有效数字。

$$R_{ct} = \frac{(T_m - T_a) \times A}{H - \Delta H_c} - R_{ct0} \tag{5-8}$$

式中：T_m——试验板表面温度，℃；

T_a——气候室空气温度，℃；

A——试验板的面积，m^2；

H——提供给测试面板的加热功率，W；

ΔH_c——热阻测定中加热功率的修正量；

R_{ct0}——为热阻的测定而确定的仪器常数，$m^2 \cdot K/W$。

2. 湿阻 R_{et}

根据所记录数据，按式（5-9）计算，并计算所测试样热阻 R_{et} 的算术平均值为样品的检验结果，结果保留三位有效数字。

$$R_{et} = \frac{(p_m - p_a) \times A}{H - \Delta H_e} - R_{et0} \tag{5-9}$$

式中：p_m——饱和水蒸气压力（试验板表面温度为 T_m 时），Pa；

p_a——水蒸气压力（气候室空气温度为 T_a 时），Pa；

ΔH_e——湿阻测定中加热功率的修正量；

　　R_{et0}——为湿阻的测定而确定的仪器常数，$m^2 \cdot Pa/W$。

3. 结果精确度

一是重复性，在测定单层织物试样的热阻时，如果试样的热阻不高于 $50 \times 10^{-3} m^2 \cdot K/W$，则其重复性误差为 $3.0 \times 10^{-3} m^2 \cdot K/W$，如超过时则其重复性误差为 7%。在测定单层织物试样的湿阻时，如果试样的湿阻不高于 $10 m^2 \cdot Pa/W$，则其重复性误差为 $0.3 m^2 \cdot Pa/W$，如超过时则其重复性误差为 7%。

二是再现性，利用厚度分别为 3mm、6mm、12mm 的泡沫材料在 4 个实验室中进行试验，热阻的平均标准差为 $6.5 \times 10^{-3} m^2 \cdot K/W$，湿阻的平均标准差为 $0.67 m^2 \cdot Pa/W$。

 想一想：查阅资料，从织物热阻和湿阻角度出发，说一说针对夏、冬两季服装的不同，可以采取哪些措施来提升穿着使用的舒适性？

看一看：扫描二维码，观看织物热阻和湿阻的测定操作视频。

织物热阻的测定

织物湿阻的测定

练一练：

（1）判断：测试织物热阻时的参数为试验板表面温度 35℃、空气温度 35℃、相对湿度 40%、空气流速 1m/s。（　　）

（2）判断：某种织物经测试得其透湿指数为 0.01，表明其透湿性好，湿阻小。（　　）

（3）填空：湿阻是指试样两面的水蒸气压力差与(　　)通过试样的单位面积蒸发热流量之比。某织物厚度为 3mm，测试其热阻和湿阻，应至少取(　　)试样，且试样(　　)、(　　)。

（4）选择：对于纺织品生理舒适性稳态条件下热阻和湿阻的测定，下列说法正确的是(　　)。

A. 透湿指数是湿阻与热阻的比值。

B. 热阻越大，表明织物保暖性越差。

C. 测试热阻和湿阻时，设置的试验环境相同。

D. 测试的试样尺寸只需覆盖测试板表面即可。

学习情境 6　纺织品功能性检测

学习目标

1. 能够说出纺织品功能性检测的主要项目及对应评测指标；
2. 能够查阅相关纺织品功能性检测项目标准；
3. 通过对应学习任务及辅以在线课程的学习，能够使用仪器实施具体纺织品功能性项目检测；
4. 能够针对具体的纺织品功能性项目检测填写检测报告。

学习任务 6-1　纺织品燃烧性能检测

火灾是最常见、最普遍地威胁公众安全和社会发展的主要灾害之一，常会给人身和财产造成巨大的损失。在火灾事故中，由易燃纺织品引起的占大多数，成为火灾的"罪魁祸首"。因此，各国对纺织品燃烧性能的重视程度也越来越高，并制定了相关的技术法规和标准，达不到相关要求时将不得销售。在我国，GB/T 17591—2006《阻燃织物》中对织物具备阻燃性进行了详细的规定。而有关纺织品燃烧性能测试的方法有氧指数法、垂直法、水平法、45°法、片剂燃烧法、香烟法等。

2016 年 6 月 1 日强制性标准 GB 31701—2015《婴幼儿及儿童纺织产品安全技术规范》的实施，是我国正式对燃烧性能的要求以强制性标准的形式引入到普通服用纺织品中。这也标志着我国对服用纺织品燃烧性能标准的实施进入一个全新的阶段，同时也表明对相关织物的阻燃性能和技术提出了更高的要求。在国标体系中，与纺织品燃烧性能检测有关的标准见表 6-1。

表 6-1　纺织品燃烧性能检测相关标准

序号	标准
1	GB/T 14644—2014《纺织品 燃烧性能 45°方向燃烧速率的测定》
2	GB/T 14645—2014《纺织品 燃烧性能 45°方向损毁面积和接焰次数的测定》
3	GB/T 5454—1997《纺织品 燃烧性能试验 氧指数法》
4	GB/T 5455—2014《纺织品 燃烧性能 垂直方向损毁长度、阴燃和续燃时间的测定》

序号	标准
5	GB/T 5456—2009《纺织品 燃烧性能 垂直方向试样火焰蔓延性能的测定》
6	GB/T 8745—2001《纺织品 燃烧性能 织物表面燃烧时间的测定》
7	GB/T 8746—2009《纺织品 燃烧性能 垂直方向试样易点燃性的测定》
8	GB/T 33618—2017《纺织品 燃烧烟释放和热释放性能测试》

另有涉及纺织品燃烧性能测试前洗涤的 GB/T 17595—1998《纺织品 织物燃烧试验前的家庭洗涤程序》和 GB/T 17596—1998《纺织品 织物燃烧试验前的商业洗涤程序》两个标准。

在本学习任务中将主要学习纺织品燃烧性能垂直方向（GB/T 5455—2014、GB/T 5456—2009）和 45°方向（GB/T 14644—2014、GB/T 14645—2014）测定这两大部分内容。

在 GB/T 5455—2014 中主要是用规定点火器产生的火焰，对垂直方向的试样底边中心点火，在规定的点火时间后，测量试样的续燃时间、阴燃时间及损毁长度。在 GB/T 5456—2009 中是用规定点火器产生的火焰，对垂直方向的试样表面或底边点火 10s，测定火焰在试样上蔓延至三条标记线分别所用的时间。

在 GB/T 14644—2014 中是在规定的条件下，对 45°角放置的试样表面点火，根据火焰蔓延时间来评定该试样的燃烧速率。绒面试样，底布的点燃作为燃烧剧烈程度的附加指标。在 GB/T 14645—2014 中分为两种情况，A 法是用规定燃烧器产生的火焰对 45°方向的试样表面点火，测量规定点火时间后，试样的续燃时间、阴燃时间、损毁长度和损毁面积；B 法是用规定燃烧器产生的火焰，对 45°方向的试样底边点火，测量接焰次数。

一、试样准备

（一）垂直法

1. 测试损毁长度、阴燃和续燃时间

取样尺寸为 300mm×89mm，剪取试样时距离布边至少为 100mm，试样的两边分别与织物的经（纵）向和纬（横）向平行，试样表面无沾污、无褶皱，并应注意经（纬）向试样不能取自同一经（纬）纱。根据调湿条件不同，在取样数量上有所区别。

（1）条件 A：此时试样放置在 GB/T 6529—2008 规定的标准大气条件下进行调湿，然后将调湿后的试样放入密封容器内。经（纵）向取 5 块，纬（横）向取 5 块，共 10 块试样。

（2）条件 B：将试样放置于（105±3）℃的烘箱内干燥（30±2）min 取出，放置在干燥器中冷却，冷却时间不少于 30min。经（纵）向取 3 块，纬（横）向取 2 块，共 5 块试样。

需要注意的是条件 A 和条件 B 所测的结果不具有可比性。

2. 测试火焰蔓延性能

用试样框架模板在样品的长度和宽度方向各取 3 块，共计 6 块试样，每块试样的尺寸为（560±2）mm×（170±2）mm。对于表面点火，如果试样的两面不同，并且预试验表明两面的燃烧性能不同，则两面应分别试验。

将试样放在 GB/T 6529—2008 规定的标准大气条件下进行调湿。调湿后如果不立刻进行测试，应将调湿后的试样放入密闭容器内。每一块试样从调湿大气或密闭容器中取出后，应在 2min 内开始测试。

（二）45°法

1. 测试燃烧速率

取样尺寸为 160mm×50mm，取 5 块试样。取织物燃烧速率最快的方向作为试样的长度方向。如织物燃烧速率最快方向未知，则先进行预试验，以确定燃烧速率最快的方向和部位。一般而言，绒面纺织品的火焰燃烧速率沿织物表面绒毛逆向时最迅速，对于服装，同一部位的所有各层以及接缝部位都宜进行预试验。当预试验中试样经（纵）、纬（横）向燃烧速率无区别的非绒面纺织品，宜以经（纵）向作为长度方向。

将取好的试样放置在下夹板上，欲燃烧的一面朝上，试样燃烧速率最快的方向端放置在试样夹顶部，放上试样夹的上夹板，用夹子夹紧上下夹板。绒面纺织品需要经过刷毛程序，试样的绒面向上，逆向刷毛一次。

再将装好试样的试样夹放平放在（105±3）℃的烘箱内，（30±2）min 后取出，置于干燥器中，冷却不少于 30min。干燥和冷却过程中，应注意不触碰试样表面。

2. 测试损毁面积和接焰次数

距离布边至少 100mm 剪取试样，在 A 法时取样尺寸为 330mm×230mm，长度方向与织物的经（纵）向或纬（横）向平行，每一样品经（纵）向和纬（横）向各取 3 块，如织物正反面不同，需另取一组试样，分别对两面进行试验。在 B 法时，试样长度为 100mm，质量约为 1g，长度方向与织物的经（纵）或纬（横）向平行；对于纱线取一束长度为 100mm，质量约为 1g 作为一个试样，每一样品经（纵）向和纬（横）向各取 5 块，纱线样品取 5 束。

对试样根据需要按照下列条件之一进行调湿和干燥，其中 B 法试样应先卷成圆筒状塞入试样支承线圈中后再调湿或干燥：

（1）试样放置在 GB/T 6529—2008 规定的标准大气条件下进行调湿，然后将调湿后的试样放入密封容器内；

（2）试样放置在（105±3）℃的烘箱内干燥至少（60±2）min，取出后放置在干燥器中至少冷却 30min。

想一想：对比纺织品燃烧性能测试垂直法和 45°法，系统地说一说两大类方法在试样准备上有何不同之处。

二、检测实施

（一）测试大气条件

1. 垂直法

试验仪器如图 6-1 所示。

（1）测试损毁长度、阴燃和续燃时间：在温度为 10~30℃，相对湿度为 30%~80% 的大气环境中进行。

（2）测试火焰蔓延性能：在温度为 10～30℃，相对湿度为 15%～80% 的大气环境中进行。

2. 45°法

试验仪器如图 6-2、图 6-3 所示。

（1）测试燃烧速率：采用一般室温条件，但试验需在无风条件下进行。

（2）测试损毁面积和接焰次数：与垂直法测试火焰蔓延性能相同。

图 6-1　垂直法织物阻燃性能测试仪　　　图 6-2　大 45°法织物阻燃性能测试仪（GB/T 14645—2014）

图 6-3　小 45°法织物阻燃性能测试仪（GB/T 14644—2014）

（二）测试

1. 垂直法

对于织物燃烧性能采用垂直法测试的两种情形其步骤如下。

（1）损毁长度、阴燃和续燃时间。

①调节火焰。关闭试验箱门，供气点火，调节火焰高度，稳定达到（40±2）mm。在开始试验前，火焰在此状态下稳定地燃烧至少1min，然后熄灭火焰。

②安装试样。从密封容器或干燥器内取出试样，装入试样夹，确保试样的平整、底边平齐，试样夹边缘以足够数量的夹子夹紧，安装好的试样夹上端承挂在支架上，侧面通过固定装置固定，垂直挂于试验箱中心。

③点火燃烧。关闭箱门，点火待火焰稳定后，移动火焰使试样底边正好处于火焰中点位置上方，点燃试样，这一操作应在试样取出1min内完成。条件A点火时间为12s，条件B点火时间为3s。

④记录时间。满足点火时间，移开并熄灭火焰，同时打开计时器记录续燃时间和阴燃时间，精确至0.1s。如出现试样烧通现象，予以记录。

试样为熔融性纤维制成的织物在燃烧过程中如有熔滴产生，应在试验箱的箱底平铺上10mm厚的脱脂棉。观察熔融脱落物是否引起脱脂棉的燃烧或阴燃，并记录。

打开风扇，将试验中产生的烟气排出。

⑤测试损毁长度。开箱取出试样，沿着试样长度方向上损毁面积内最高点折一条直线，在试样的下端一侧，距其底边及侧边各约6mm处，挂上选用的重锤，再用手缓缓提起试样下端的另一侧，让重锤悬空，再放下，测量并记录试样撕裂的长度，即为损毁长度，精确至1mm，见图6-4。对于燃烧时熔融又连接到一起的试样，测量损毁长度时应以熔融的最高点为准。

清理试验箱和关闭风扇，以进行下一个试样的测试。

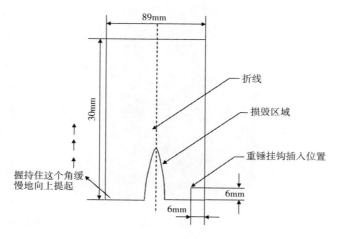

图6-4　损毁长度测量

（2）火焰蔓延性能。

①调节火焰。

程序A（表面点火）：测试前应确保点火器位置正确，将点火器放在垂直预备位置上，点燃点火器预热至少 2min，将点火器移至水平预备位置，在黑色背景下调节水平火焰高度，使点火器顶端至黄色火焰尖端的水平距离为（25±2）mm，在每组试样试验前都应检查火焰高度。调节完成后移动点火器到水平的试验位置，以确定火焰在正确的位置接触试样。

程序 B（底边点火）：测试前应确保点火器位置正确，将点火器放在垂直预备位置上，点燃点火器预热至少 2min，在黑色背景下调节垂直火焰高度，使点火器顶端至黄色火焰尖端的水平距离为（40±2）mm，在每组试样试验前都应检查火焰高度。调节完成后移动点火器从垂直预备位置到倾斜的试验位置，以确保试样的底边对分火焰。

②安装试样。将一块试样放到试样框架上，试样的背面距框架至少 20mm，并按要求装标记线（图 6-5），并使标记线在一定张力下与试样保持相对位置，将试样框架装在支承架上，使试样呈垂直状态。记录是样品的纵向还是横向是垂直的，以及样品的哪一面朝向测试火焰。

③点火燃烧并记录。对试样点火 10s 或者按照 GB/T 8746—2009 中的临界点火时间进行测试、观察和记录。

a. 从点火开始到第一条标记线被烧断的时间（s）；

b. 从点火开始到第二条标记线被烧断的时间（s）；

c. 从点火开始到第三条标记线被烧断的时间（s）。

重复安装试样和点火燃烧，逐一测试剩余的 5 块试样，所有的都试样都以相同的表面朝向火焰。

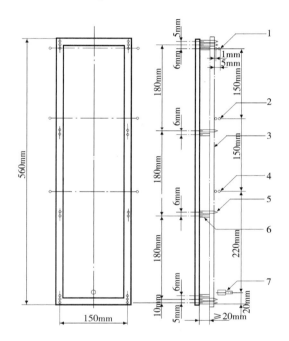

图 6-5　试样框架

1—第三条标记线　2—第二条标记线　3—织物试验样品
4—第一条标记线　5—固定针
6—隔离棒（可选）　7—燃烧器（定向表面点火）

2. 45°法

对于织物燃烧性能采用 45°法测试的两种情形其步骤如下。

（1）燃烧速率。

①调节火焰。将已安装好试样的试样夹置于试样架上，调节试样架，使燃烧器顶端距离试样表面 8mm。供气点火，调节火焰长度，使燃烧器顶端到火焰尖端的距离为 16mm。点火时火焰垂直作用于试样表面。试样表面点火处到标志线距离 127mm，距离试样底边 19mm，见图 6-6。

②安装试样。从干燥器中取出一个已装好试样的试样夹，置于燃烧试验箱内的试样架上，将标志线穿过试样架平板的导丝钩，然后在穿出导丝圈的标志线下方挂一重锤，使之绷紧，

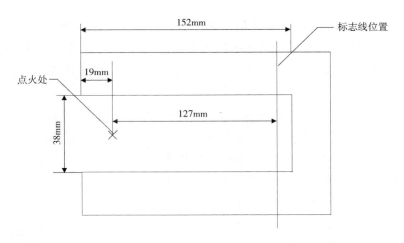

图 6-6　试样夹

计时器调至零点，关闭试验箱门。

③点火燃烧。点火使火焰与试样表面接触（1±0.05）s，同时开启计时器。当火焰烧到标志线时，重锤因线被烧断而下落，计时器停止计时。出现底边点火时应重新试验，从干燥器中取出试样到点燃试样的时间不应超过 45s。

④记录。观察试样的燃烧状态，记录计时器所示的火焰蔓延时间以及燃烧状态。对于绒面纺织品，试样应继续燃烧以确定基布是否燃烧熔融。

每次试验结束后，打开风扇将试验中产生的烟气排出，在测试下一块试样前关闭风扇。

（2）损毁面积和接焰次数。

①调节火焰。关闭试验箱前门，供气点火，调节火焰高度使其稳定达到（45±2）mm，并应在第一次试验前使火焰在这一状态下稳定燃烧至少 2min，然后熄灭火焰。

②安装试样。

A 法：将试样从密封容器或干燥器内取出装入试样夹中，待测试的一面朝向试样夹下部，并用固定针固定试样，使试样平整不松弛。试样夹呈 45°放置在燃烧试验箱中，燃烧器顶端与试样表面距离为 45mm。

B 法：将试样支承线圈从密封容器或干燥器内取出，45°方向放在线圈支持架上，并调节试样最下端与火焰顶端接触。

③点火燃烧并记录。

A 法：点火，使试样表面与火焰接触，点火时间为 30s，试样从密封容器或干燥器中取出至点火应在 1min 以内完成。观察和测定续燃时间和阴燃时间，精确至 0.1s。

打开风扇，将试验中产生的烟气排出，开箱取出试样，用求积仪测定损毁面积，测量损毁长度。当燃烧引起布面不平整时，先用复写纸将损毁面积复写在纸上，再用求积仪测量。对于脆损边界不清晰的试样，撕剥边界后测量。

清除试验箱中碎片，关闭风扇，以测试下一个试样。

B 法：点火，当试样熔融、燃烧停止时，重新调节试样架，使残存的试样最下端与火焰接触，反复进行这一操作，直到试样熔融燃烧 90mm 的距离为止。

记录试样熔融燃烧 90mm 所需接触火焰次数，当试样在接近 90mm 处再次点火时，若继续燃烧超过 90mm，此次的燃烧不记录到接焰次数中。打开风扇，将试验中产生的烟气排出。打开试验箱，去除残留物，测试下一个试样。

想一想：对比纺织品燃烧性能测试垂直法和 45°法，系统地说一说两大类方法在火焰调节及点燃时间上有何不同之处？

三、结果处理

1. 垂直法

（1）测试损毁长度、阴燃和续燃时间。

条件 A：分别计算经（纵）向、纬（横）向 5 块试样的续燃时间、阴燃时间和损毁长度的平均值，结果精确至 0.1s 和 1mm。

条件 B：计算 5 块试样的续燃时间、阴燃时间和损毁长度的平均值，结果精确至 0.1s 和 1mm。

（2）测试火焰蔓延性能。在具体每一块试样测试中，做好观察和记录。

2. 45°法

（1）测试燃烧速率。根据表 6-2 对结果进行计算和分级。

表 6-2　燃烧性能分级

试样数量			火焰蔓延时间（t_i）		燃烧等级
5 块 （$1 \leq i \leq 5$）	非绒面纺织品		无		1 级（正常可燃性）
		仅有 1 个	$t_i \geq 3.5s$		1 级（正常可燃性）
			$t_i < 3.5s$		另增加 5 块试样，按 10 块试样评级
		2 个及以上	$\bar{t} \geq 3.5s$		1 级（正常可燃性）
			$\bar{t} < 3.5s$		另增加 5 块试样，按 10 块试样评级
	绒面纺织品		不考虑火焰蔓延时间，基布未点燃		1 级（正常可燃性）
			无		1 级（正常可燃性）
		仅有 1 个	$t_i < 4s$，基布未点燃		1 级（正常可燃性）
			$t_i \geq 4s$，不考虑基布		
			$t_i < 4s$，同时 1 块基布点燃		另增加 5 块试样，按 10 块试样评级
		2 个及以上	$0 < \bar{t} < 7s$，仅有 1 块表面闪燃		1 级（正常可燃性）
			$\bar{t} > 7s$，不考虑基布		
			$4s \leq \bar{t} \leq 7s$，1 块基布点燃		
			$\bar{t} < 4s$，1 块基布点燃		
			$4s \leq \bar{t} \leq 7s$，≥ 2 块基布点燃		2 级（中等可燃性）
			$\bar{t} < 4s$，≥ 2 块基布点燃		另增加 5 块试样，按 10 块试样评级

试样数量		火焰蔓延时间（t_i）		燃烧等级
10 块[a] （$1 \leqslant i \leqslant 10$）	非绒面纺织品	仅有 1 个		1 级（正常可燃性）
		2 个及以上	$\bar{t} \geqslant 3.5s$	1 级（正常可燃性）
			$\bar{t} < 3.5s$	3 级（快速剧烈燃烧）
	绒面纺织品	仅有 1 个		1 级（正常可燃性）
		2 个及以上	$\bar{t} < 4s$，≤2 块基布点燃	1 级（正常可燃性）
			$4s \leqslant \bar{t} \leqslant 7s$，≤2 块基布点燃	
			$\bar{t} > 7s$	
			$4s \leqslant \bar{t} \leqslant 7s$，≥3 块基布点燃	2 级（中等可燃性）
			$\bar{t} < 4s$，≥3 块基布点燃	3 级（快速剧烈燃烧）

注 1. "无"是指试样未点燃或标志线未烧断。

2. 非绒面纺织品燃烧评级时需考虑两个因素：①所有试样火焰蔓延时间（t_i）的个数；②火焰蔓延时间值（t_i）或平均值（$\bar{t}$）。绒面纺织品燃烧分级时需考虑三个因素：①所有试样火焰蔓延时间（t_i）的个数；②所有试样基布点燃的个数；③火焰蔓延时间值（t_i）或平均值（$\bar{t}$）。

[a] 当需要增加 5 块试样时，再按表中试样数量为 10 块时进行评级。

对于试样燃烧等级为 1 级或 2 级的样品，按照 GB/T 8629—2017 的规定洗涤 1 次，测试洗涤后燃烧性能。3 级的样品则无需测试洗涤后燃烧性能。对于洗涤，可根据需要按照 GB/T 19981.2—2014 要求选择标准中表 1 所规定正常材料干洗程序进行干洗。

（2）测试损毁面积和接焰次数。A 法：分别计算经纬向试样续燃时间、阴燃时间、损毁长度和损毁面积的平均值，结果精确至 0.1s、1mm 和 1cm²。

B 法：分别计算经纬（纵横）向试样或纱线试样接焰次数的平均值，结果取整数。

想一想：对比纺织品燃烧性能测试垂直法和 45°法，简述它们在结果评定上的差异。

看一看：扫描二维码，观看纺织品燃烧性能 45°方向燃烧速率的测定，纺织品燃烧性能 45°方向损毁面积和接焰次数的测定，纺织品燃烧性能垂直方向损毁长度、阴燃和续燃时间的测定操作视频。

纺织品燃烧性能 45°
方向燃烧速率的测定

纺织品燃烧性能 45°方向
损毁面积和接焰次数的测定

纺织品燃烧性能垂直方向
损毁长度、阴燃和续燃时间的测定

练一练：

（1）填空：在 GB/T 5455—2014 中，规定取样尺寸为（　　　），根据条件不同，分别应取（　　）块和（　　）块试样。而在 GB/T 5456—2009 中，规定取样尺寸为（　　　），取样数为（　　）块。

（2）填空：损毁长度是指在规定试验条件下，在规定方向上材料（　　　）的最大长度。

（3）选择：在 GB/T 14644—2014 中，下列说法正确的是（　　　）。

A. 取样 5 块，尺寸为 160mm×50mm，所取试样长度方向，可遵循与织物经向平齐的原则。

B. 试样装于试样夹上，应在（105±3）℃的烘箱内一定时间后，取出冷却，再放入干燥器中。

C. 点着燃烧器，火焰与试样表面接触时间为（1±0.05）s。

D. 试样还需经规定条件洗涤后再测试洗涤后的燃烧性能。

（4）选择：对于纺织品燃烧性能 45°方向损毁面积和接焰次数的测定中，下列说法正确的是（　　　）。

A. 试样燃烧 60mm 的距离需要接触火焰的次数。

B. A 法和 B 法取样完全相同。

C. B 法是在试样表面点火，测量接焰次数。

D. 在温度为 10~30℃，相对湿度为 15%~80%的大气环境中进行。

（5）判断：对某种非绒面纺织品取样 5 块，采用 45°法测试其燃烧速率，仅有 1 个试样测得时间，为 3.8s，由此可判定这一纺织品燃烧等级为 1 级。（　　　）

学习任务 6-2　纺织品静电性能检测

对于服用纺织品，在加工和使用过程中，因织物之间、织物与皮肤之间或者织物与其他材料之间通过接触、摩擦和分离等作用，会使其表面产生电荷集聚与电荷转移。当纺织品的绝缘性能良好时，将导致电荷无法散逸，使纺织品产生静电。这会导致出现粉尘吸附、织物黏附、纠缠肢体等现象，影响加工和服用性能。在干燥的气候环境下，纺织品中的静电电荷聚集产生较高的静电压，还可能对人体产生电击，甚至静电摩擦产生的火花容易造成粉尘多、近距离接触油品、煤气泄漏等场所起火爆炸。因此纺织品的静电性能不仅事关生产加工的顺利进行和服用舒适性，更关乎人身安全问题。

对于纺织品静电性能实施评定的指标和方法包括：静电压半衰期、电荷面密度、电荷量、体积电阻（率）、表面电阻（率）、摩擦带电电压、纤维泄露电阻等。在这一学习任务中，一是学习 GB/T 12703.1—2008《纺织品 静电性能的评定 第 1 部分：静电压半衰期》，它是将试样在高压静电场中带电至稳定后断开高压电源，使其电压通过接地金属台自然衰减，测定静电压值及其衰减至初始值一半所需的时间；二是学习 GB/T 12703.2—2009《纺织品 静电性能的评定 第 2 部分：电荷面密度》，它是将经过摩擦装置摩擦后的试样投入法拉第筒，以测量试样的电荷面密度。

一、试样准备

调湿和试验用大气的环境条件为：温度（20±2）℃，相对湿度35%±5%，环境风速应在0.1m/s以下。

如果需要，样品按照GB/T 8629—2017中4G程序洗涤，由有关各方商定可选择洗涤5次、10次、30次、50次等，多次洗涤时，可将时间累加进行连续洗涤，或者按有关方认可的方法和次数进行洗涤。将样品或洗涤后的样品在50℃下预烘一定时间，并将预烘后的样品在前述环境条件下放置24h以上，不得沾污样品。

1. 静电压半衰期

随机采取试样3组，每块试样的尺寸为4.5cm×4.5cm或适宜的尺寸。每组试样数量根据仪器中试样台数量而定。试样应有代表性，无影响试样结果的疵点。条子、长丝和纱线等应均匀、密实地绕在4.5cm×4.5cm或适宜的尺寸的平板上。操作时，应避免手或其他可能沾污试样的物体与试样接触。

2. 电荷面密度

试样应在距布边1/10幅宽内，距布端1m以上的部位裁取，随机裁取经向3块纬向3块合计取6块试样，尺寸为250mm×400mm，且不应有影响测试的疵点，按照图6-7将长向一端缝制为套状，未被缝部分长度为270mm（有效摩擦长度260mm）。将绝缘棒插入缝好的套内，放置于垫板上，勿使之产生折皱。

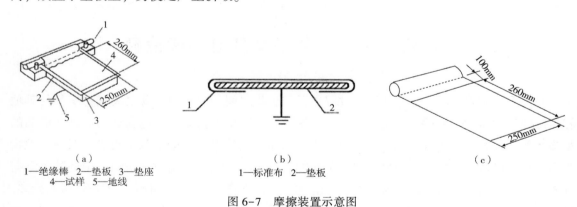

（a）
1—绝缘棒 2—垫板 3—垫座
4—试样 5—地线

（b）
1—标准布 2—垫板

（c）

图6-7 摩擦装置示意图

二、检测实施

1. 静电压半衰期

（1）图6-8为测试仪器结构示意图，对仪器（图6-9）进行校验并对试样进行表面消电处理。

（2）将试样夹于试验夹中，使针电极与试样上表面相距（20±1）mm，感应电极与试样上表面相距（15±1）mm，当更换试样时，应重新调整针电极及感应电极与试样上表面的距离，以使其达到规定要求。

（3）驱动试验台，待转动平稳后在针电极上加 10kV 高压。

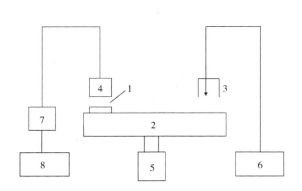

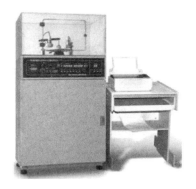

图 6-8　测试仪器结构示意

图 6-9　织物感应式静电测试仪

1—试样　2—转动平台　3—针电极板

4—圆板状感应电极　5—电动机　6—高压直流电源

7—放大器　8—示波器或记录仪

（4）加压 30s 后断开高压电，试验台继续旋转直至静电电压衰减至 1/2 以下时即可停止试验，记录高压断开瞬间试样静电电压（V）及衰减至 1/2 所需要的时间，也即半衰期（s）。如半衰期大于 180s 时，停止试验，并记录衰减时间 180s 时的残余静电电压值，如果需要也可记录 60s、120s 或其他衰减时间时的残余静电电压值。

2. 电荷面密度

（1）双手持缠有标准布的摩擦棒两端，如图 6-10 所示在摩擦装置上由前端向体侧一方摩擦试样，但需注意不应使摩擦棒转动，约 1s 摩擦一次，连续 5 次。

（2）握住绝缘棒的一端，如图 6-11 所示。使棒与垫板保持平行地由垫板上揭离，并在 1s 内迅速投入如图 6-12 所示的法拉第筒，读取静电压或电量值。此时，试样应距人体或其他物体 300mm 以上。

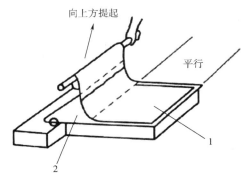

图 6-10　摩擦示意图

图 6-11　揭离试样示意图

1—样品　2—垫板

1—试样　2—垫板

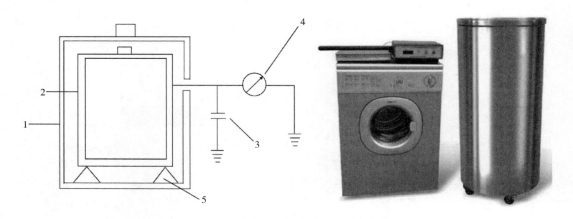

图 6-12　织物摩擦带电测试仪

1—外筒　2—内筒　3—电容器　4—静电电压表　5—绝缘支架

（3）每块试样进行 3 次测试，每次测试后应消电直至确认试样不带电时再进行下一次测试。

三、结果与评定

1. 静电压半衰期

同一块（组）试样进行 2 次试验，计算平均值作为该块（组）试样的测量值。对 3 块（组）试样进行同样试验，计算平均值作为该样品的测量值。将最终静电压修约至 1V，半衰期修约至 0.1s。

半衰期技术要求见表 6-3。对于非耐久型抗静电纺织品，洗前应达到表 6-3 的要求；对于经多次洗涤仍保持抗静电性能的耐久型抗静电纺织品，洗前、洗后均应达到表 6-3 的要求。

表 6-3　半衰期技术要求

等级	要求
A 级	≤2.0s
B 级	≤5.0s
C 级	≤15.0s

2. 电荷面密度

读取静电电压值或电量值，根据式（6-1）计算电荷面密度。

$$\sigma = \frac{Q}{A} = \frac{C \cdot V}{A} \tag{6-1}$$

式中：σ——电荷面密度，$\mu C/m^2$；

Q——电荷量测定值，μC；

C——法拉第系统总电容量，F；

V——电压值，V；

A——试样摩擦面积，m^2。

计算每个试样 3 次测试的平均值，作为该试样的测量值，取 6 块试样测试结果中的最大值，作为该样品的试验结果。

如果需要，可根据样品的用途提出对电荷面密度的要求。对于非耐久型抗静电纺织品，洗前电荷面密度应不超过 $7.0\mu C/m^2$；对于耐久型抗静电纺织品，洗前、洗后电荷面密度均应不超过 $7.0\mu C/m^2$。如有关各方另有协议，可按协议要求执行。

想一想：查阅资料，请说一说可以采取哪些方式来消除纺织品所产生的静电。

看一看：扫描二维码，观看纺织品静电性能检测（静电压半衰期）、纺织品静电性能检测（电荷面密度）操作视频。

纺织品静电性能　　　　纺织品静电性能
检测（静电压半衰期）　检测（电荷面密度）

练一练：

（1）填空：在纺织品静电性能静电压半衰期测试中，应随机取试样（　　）组，试样尺寸为（　　）或（　　）。

（2）填空：在纺织品静电性能电荷面密度测试中，试样尺寸为（　　），有效摩擦长度（　　）。

（3）判断：在对织物进行静电性能测试时，需要对试样进行消电。（　　）

（4）选择：在纺织品静电性能静电压半衰期测试中，下述说法正确的是（　　）。

A. 针电极和感应电极的位置是绝对不能变动的。

B. 静电压半衰期越短，说明纺织品的抗静电性能越好。

C. 静电压越低，说明纺织品的抗静电性能越好。

D. 耐久型抗静电纺织品只要洗后的静电压半衰期符合技术要求即可。

（5）选择：在纺织品静电性能电荷面密度测试中，下述说法正确的是（　　）。

A. 摩擦试样时，1s 摩擦一次，连续摩擦 5 次。

B. 摩擦试样时，摩擦棒可以转动。

C. 每块试样测 3 次，以其中的最大值作为该试样的测量值。

D. 每个样品测 6 块（经向 3 块，纬向 3 块），以平均值作为该样品的试验结果。

学习任务 6-3　纺织品防紫外线性能检测

波长小于 0.4μm 的光称为紫外线，适量的经受紫外线辐照，有益于健康，能够杀菌和促进维生素 D 合成。根据紫外线波长，进一步可分成 UVA（波长为 315~400nm）、UVB（波长为 280~315nm）和 UVC（波长为 100~280nm），其波长越短辐射能越高，对人体伤害也越大。当人体持续暴露于阳光之下，特别是对于长期在户外活动、室外作业的人员和生活在紫外线辐射强度较高地区的人，就需要进行紫外线防护。基于地球大气层中臭氧层的存在，可将全部的 UVC 和绝大部分的 UVB 吸收，由此到达地球的紫外线主要是占 90% 以上的 UVA 以及小部分的 UVB，因此对紫外线的防护主要在于防护 UVA 和 UVB。除了使用具有防紫外线效果的化妆品之外，纺织品的使用可对人体起到有效的紫外线防护。目前在国际上应用广泛的紫外线防护系数测试和认证标准是国际紫外线防护应用测试协会的 UV Standard 801，通过这一检测和认证的服装、遮阳纺织品在证书有效期内可以使用 UV Standard 801 标签（图 6-13）和选配 UV Standard 801 吊牌。

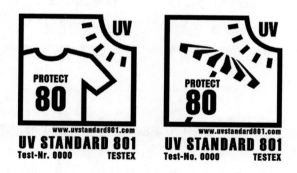

图 6-13　UV Standard 801 标签

在国标中，对纺织品的防紫外线性能进行检测依据的标准为 GB/T 18830—2009《纺织品　防紫外线性能的评定》。它是用单色或多色的紫外线辐射试样，收集总的光谱透射射线，测定出总的光谱透射比，并计算出试样的紫外线防护系数 UPF 值，见图 6-14。可采用平行光束照射试样，用一个积分球收集所有透射光线，也可采用光线半球照射试样，收集平行的透

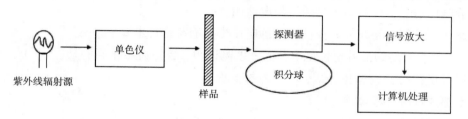

图 6-14　防紫外线性能测试原理

射光线。以皮肤无防护时计算出的紫外线辐射平均效应与皮肤有织物防护时计算出的紫外线平均效应的比值 UPF 值和透射率 T（UVA）$_{AV}$进行评定。

一、试样准备

对于匀质材料，至少距布边 5cm 以上取 4 块有代表性试样，对于具有不同色泽或者结构非匀质的材料，则对每种色泽或结构至少取 2 块试样。试样尺寸要确保可充分覆盖仪器的孔眼。

二、试样测试

试样应在 GB/T 6529—2008 规定的大气条件下进行调湿和测试，如测试仪器未在标准大气条件下，则试样经调湿后放入密闭容器中，从取出到测试完成应控制在 10min 以内。

将试样放置在积分球入口前方，并确保使用时远离皮肤面的织物一侧朝向紫外线光源，进行测试，仪器如图 6-15 所示。

图 6-15　纺织品防紫外线性能测试仪

三、结果处理

（1）计算每个试样 UVA、UVB 透射比的算术平均值 T（UVA）$_i$、T（UVB）$_i$，并计算其透射率平均值 T（UVA）$_{AV}$、T（UVB）$_{AV}$，保留两位小数。

（2）计算每个试样的 UPF 值，再计算紫外线防护系数平均值 UPF$_{AV}$、UPF 标准偏差，最后计算样品的 UPF 值，修约至整数。

注意：①匀质试样——当样品的 UPF 值低于单个试样实测的 UPF 值中最低值时，以试样最低 UPF 值报出，如样品 UPF 值大于 50，表示为"UPF>50"；

②非匀质试样——以不同色泽或结构样品测试中最低的 UPF 值作为样品的 UPF 值报出，如样品 UPF 值大于 50，表示为"UPF>50"。

四、评定标识

当样品的 UPF>40，且 T（UVA）$_{AV}$<5% 时，可称为防紫外线产品。在标签上标识出标准编号 GB/T 18830—2009。在 40<UPF≤50 时，标为 UPF40＋。当 UPF>50 时，标为 UPF50+。并标出"长期使用以及在拉伸或潮湿的情况下，该产品所提供的防护有可能减少。"

想一想：查阅资料，请简述纺织品防紫外线性能检测中 GB/T 18830—2009 和 UV Standard 801 的特征区别。

纺织品防紫外线
性能检测

看一看：扫描二维码，观看纺织品防紫外线性能检测操作视频。

练一练：

（1）判断：对某织物进行防紫外线性能测试，只要其 UPF 值大于 40，即可认定为防紫外线产品。（　　）

（2）判断：在进行织物防紫外线性能检测时，放置织物时应使靠近皮肤一侧朝向紫外线光源。（　　）

（3）填空：在纺织品防紫外线性能检测中，应距布边至少（　　）取样，匀质材料应取至少（　　）试样。

学习任务 6-4　纺织品接触瞬间凉感性能检测

当人体皮肤接触纺织品时，会因两者之间的温度差，产生以热传导为主的热交换，进而出现皮肤温度升高或降低的现象，如变化幅度超出一定范围，就会使人产生不舒适感。对于纺织品与人体皮肤接触后，给人体皮肤产生的温度刺激在人的大脑中形成冷或者暖的判断，称为纺织品接触冷暖感。对于纺织品接触冷暖感的描述主要有接触热感、接触暖感、接触冷感和接触凉感。在现实中，纺织品的温度一般多低于皮肤温度，因此皮肤更多的是产生接触冷感、接触凉感。

在本学习任务中，主要学习纺织品接触瞬间凉感性能检测，接触瞬间凉感是指皮肤与低于其温度的织物接触瞬时，引起皮肤表面热量快速流失、温度瞬即下降，再经过皮肤中感温神经末梢反映到大脑后形成的凉爽感觉，依据的标准为 GB/T 35263—2017《纺织品 接触瞬间凉感性能的检测和评价》。它是在规定的试验环境条件下，将温度高于试样的热检测板与试样接触，测定热检测板温度随时间的变化，并计算出单位为 $J/(cm^2 \cdot s)$ 的接触凉感系数 q_{max}，用以表征被测试样的接触瞬间凉感性能。凉感性能测试仪示意图见图 6-16。

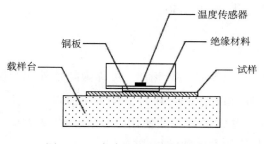

图 6-16　凉感性能测试仪示意图

想一想：查阅资料，简述纺织品接触冷暖感的四种具体情况。

一、裁取试样

在 GB/T 6529—2008 规定的标准大气条件下经调湿后，裁取每块尺寸约为 200mm×200mm 的试样 5 块，并注意避开疵点和褶皱。

二、检测实施

凉感性能测试仪如图 6-17 所示，载样台温度设为（20±0.5）℃，将接触皮肤的织物面一侧朝上平铺置于载样台上。设置由铜板、绝缘材料和温度传感器组成的热检测板温度为（35±0.5）℃，使热检测板与载样台温差 ΔT 为 15℃。

当热检测板温度达到设定值时，切断热检测板的热源并迅速垂直放置于试样上，使铜板与织物接触。记录测得的接触凉感系数值 q_{max}，保留 3 位小数。

三、结果处理

将记录取得的 5 个接触凉感系数值 q_{max} 取平均，并按 GB/T 8170—2008 修约至两位小数。如需要，可对结果进行评判，认为在 ΔT 为 15℃ 时，当 $q_{max} \geq 0.15$ 时，织物具有接触瞬间凉感性能。

图 6-17　凉感性能测试仪

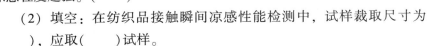 看一看：扫描二维码，观看纺织品接触瞬间凉感性能检测操作视频。

纺织品接触瞬间凉感性能检测

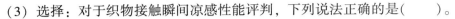 练一练：

（1）判断：经测试所得接触凉感系数值越大，表示皮肤感受到的凉感程度越强。（　　）

（2）填空：在纺织品接触瞬间凉感性能检测中，试样裁取尺寸为（　　），应取（　　）试样。

（3）选择：对于织物接触瞬间凉感性能评判，下列说法正确的是（　　）。

A. $\Delta T = 20℃$ 时，$q_{max} \geq 0.15$，织物具有接触瞬间凉感性能；

B. $\Delta T = 20℃$ 时，$q_{max} \leq 0.15$，织物具有接触瞬间凉感性能；

C. $\Delta T = 15℃$ 时，$q_{max} \geq 0.15$，织物具有接触瞬间凉感性能；

D. $\Delta T = 15℃$ 时，$q_{max} \leq 0.15$，织物具有接触瞬间凉感性能。

学习任务 6-5　纺织品远红外性能检测

红外线是指波长为 0.75~1000μm 的电磁波，也称红外光。在实际应用中通常将波长在

2.5μm 以上的红外线称为远红外线。由于远红外线能促进人体血液循环和新陈代谢，并能有效抑制细菌的滋生而具有消臭功能，因此具有远红外功能的纺织品具有保温、保健、抗菌等功能，备受人们的青睐。

对纺织品远红外性能进行检测依据的标准为 GB/T 30127—2013《纺织品　远红外性能的检测和评价》。其一为远红外发射率的测定，它是将标准黑体板与试样先后置于热板上，依次调节热板表面温度使之达到规定温度，用光谱响应范围覆盖 5~14μm 波段的远红外辐射测量系统分别测定标准黑体板和试样覆盖在热板上达到稳定后的辐射强度，通过计算试样与标准黑体板的辐射强度之比，求出试样的远红外发射率。其二为温升的测定，它是用远红外辐射源以恒定辐照强度辐照试样一定时间后，测定试样测试面表面的温度升高值。

一、试样准备

（一）取样制备

1. 纤维

测定远红外发射率时，将纤维试样开松成蓬松状态，取 0.5g 纤维填充到直径为 60mm、高度为 30mm 的敞口圆柱形金属容器中，纤维完全充满容器，每份样品至少取 3 个试样。

测定温升时，将纤维梳理成蓬松状态，均匀地铺满成厚度大约为 30mm，直径大于 60mm 的均匀圆柱形絮片，每份样品至少取 3 个试样。

2. 纱线

将纱线试样单层紧密平铺并固定于边长不小于 60mm 的正方形金属试样框上，测定远红外发射率时将试样框平置并完全覆盖热板；测定温升时，将试样框竖直固定于温升装置试样架上，试样框的中心正对试样架开孔的中心，发射率和温升试验各取至少 3 个试样。

3. 织物等片状样品

从每个样品上剪取用于测试发射率和温升试样至少各 3 个，试样尺寸不小于直径 60mm。取样时试样应平整并且有代表性。对于样品中存在因结构、色泽等（包括制品中拼接组件）差异较大而可能使远红外性能有较大差异的区域，若无特别指出，则每个区域应分别取样。

（二）试样预处理

按照 GB/T 6529—2008 中规定的标准大气的温、湿度环境及程序对试样进行调湿，室内不应有其他热辐射源对其造成影响。

如果需要，按照 GB/T 8629—2017 中 4G 程序对样品进行一定次数的洗涤，洗涤次数由有关各方商定。一般内穿类宜不低于 30 次，外穿类宜不低于 10 次，铺盖类宜不低于 5 次。多次洗涤时，可将时间累加进行连续洗涤或按有关方认可的方法和次数进行洗涤，并应在报告中说明洗涤次数和方法。洗涤后的样品还应在 GB/T 6529—2008 规定的环境下调湿平衡，且不得沾污样品。

二、检测实施

1. 远红外发射率的测定

远红外发射率测试原理和测试仪分别如图 6-18 和图 6-19 所示。

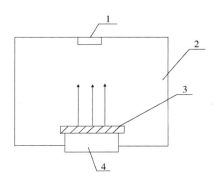

图 6-18　远红外发射率测试原理

1—红外接收装置　2—黑体罩　3—试样　4—试样热板

图 6-19　纺织品远红外发射率测试仪

（1）将试验热板升温至 34℃。

（2）将标准黑体板放置在试验热板上，待测试值稳定后记录标准黑体远红外辐射强度 I_0。

（3）将调湿后的试样依次放置在试验热板上，待测定值稳定（如 15min）后记录每个试样的远红外辐射强度 I。对于可直接计算远红外发射率的仪器，则记录每个试样的远红外发射率值。

（4）重复上述步骤测试剩余试样。

2. 远红外辐射温升的测试

远红外辐射温升测试原理和测试仪分别如图 6-20 和图 6-21 所示。

（1）调节试样架与辐射源的距离，使试样表面与辐射源的距离为 500mm。

（2）将调湿后的试样待测试面朝向红外辐射源夹在试样架中。将测温仪传感器触点固定

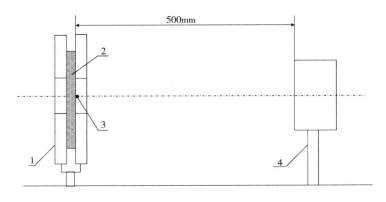

图 6-20　远红外辐射温升测试原理

1—试样架　2—试样　3—温度传感器触点　4—远红外辐射源

129

图 6-21　纺织品远红外辐射温升测试仪

在试样受辐射的区域表面中心位置。

（3）记录试样表面初始温度 T_0。

（4）开启远红外辐射源，记录试样辐射 30s 时的表面温度 T。

（5）重复以上步骤，依次完成剩余试样测试。

三、结果

1. 计算

（1）根据所测标准黑体板和试样的远红外辐射强度，按式 6-2 计算每个试样的远红外发射率，并计算所有试样远红外发射率的平均值作为试验结果，修约至 0.01。

$$\eta = \frac{I}{I_0} \qquad (6-2)$$

式中：η——试样远红外发射率，无量纲；

I_0——标准黑体板的远红外辐射强度，单位为瓦每平方米（W/m²）；

I——试样的远红外辐射强度，单位为瓦每平方米（W/m²）。

（2）根据远红外辐照温升的测试结果，按式 6-3 计算每个试样表面的温升，并计算所有试样温升的平均值作为试验结果，修约至 0.1℃：

$$\Delta T = T - T_0 \qquad (6-3)$$

式中：ΔT——试样在辐射 30s 内的温升，单位为摄氏度（℃）；

T_0——试样初始表面温度，单位为摄氏度（℃）；

T——试样在辐射 30s 时的表面温度，单位为摄氏度（℃）。

2. 评价

对于一般样品，若试样的远红外发射率不低于 0.88 且远红外辐射温升不低于 1.4℃时，样品具有远红外性能。对于絮片类、非制造类、起毛绒类等疏松样品，远红外发射率不低于 0.83，且远红外辐射温升不低于 1.7℃，样品具有远红外性能。

对于纤维及纱线作为原料不予以评价，测试数据仅作为选料时的参考。

如样品经洗涤后测试结果仍达到上述指标要求，则样品具有经洗涤次数的洗涤耐久型远红外性能。

想一想：通过查阅资料，请简述具有远红外功能的纺织品其保温作用原理。

看一看：扫描二维码，观看纺织品远红外性能检测（远红外发射率）、纺织品远红外性能检测（远红外辐射温升）操作视频。

纺织品远红外性能　　　　　　纺织品远红外性能
检测（远红外发射率）　　　　　检测（远红外辐射温升）

练一练：

（1）填空：在对织物进行远红外性能检测时，试样尺寸为（　　　），每个样品上剪取（　　）和（　　）试样各（　　）个。

（2）选择：在对织物进行远红外性能的检测时，下述说法错误的是（　　　）。

A. 对织物进行远红外性能评价时，只要远红外发射率或远红外辐射温升其中一项符合技术要求，就可以确定该织物具有远红外性能。

B. 远红外辐射温升测试时，在辐照 30s 时记录试样的表面温度。

C. 远红外发射率测试时，先要测试标准黑体的远红外辐射强度。

D. 如要进行耐久性测试，试样可按照 GB/T 8629—2017 中 4G 程序进行洗涤。

（3）判断：测试样为纤维或纱线时，其测试结果可用于对最终所加工的成品远红外性能进行评价。（　　）

学习任务 6-6　纺织品吸湿速干性的检测

　　随着人们生活水平的提高，消费者对纺织服装产品的要求不再局限于美观时尚，而是对其功能性、舒适性提出了更高的要求。吸湿速干纺织品作为一种功能性纺织品，是指一类具有良好吸湿和快速传导排湿性能的纺织品，一般可以采用对纤维进行改性处理或特殊的织物结构设计等方式来实现。这类纺织品以其快速吸收水分和快速干燥的优异性能，广泛应用于内衣、户外休闲和运动装等领域，备受众多知名品牌的关注和消费者的青睐。

　　目前对于纺织品吸湿速干性的检测主要有两种方法，一是单项组合试验法，测试三个体现吸湿性的指标，即织物对水的吸水率、滴水扩散时间和芯吸高度来表征织物对液态汗的吸附能力，测试两个体现速干性的指标，即织物在规定空气状态下的水分蒸发速率和透湿量表征织物在液态汗状态下的速干性，依据的标准为 GB/T 21655.1—2008；二是动态水分传递法，依据的标准为 GB/T 21655.2—2019。在本学习任务中将主要学习动态水分传递法，测试仪示意图如图6-22所示。它是将织物试样水平放置，测试液与其浸水面接触后，会发生液态水沿织物的浸水面扩散，并从织物的浸水面向渗透面传递，同时在织物的渗透面扩散，含水量的变化过程是时间的函数。当试样浸水面滴入测试液后，利用与试样紧密接触的传感器，测定液态水动态传递状况，计算得出一系列性能指标，以此评估纺织品的吸湿速干和吸湿排汗性。

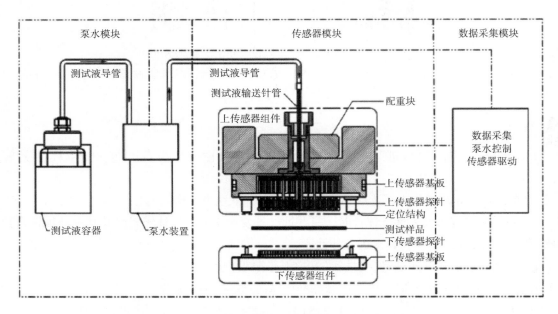

图 6-22　液态水动态传递性能测试仪示意图

一、取样和准备

样品采集的方法和数量按产品标准或有关各方商定进行。每个织物样品剪取 0.5m 以上的全幅织物，取样时避开匹端 2m 以上。对于制品则至少取 1 个单元。

将每个样品剪为两块，其中一块用于洗前试验，另一块用于洗后试验，洗涤方法按 GB/T 8629—2017 中 A 型洗衣机 4N 程序连续洗涤 5 次，或者按有关各方商定的方法和次数进行洗涤，洗后样在不超过 60℃下干燥或自然晾干。

分别裁取洗前和洗后试样各 5 块，试样尺寸为（90±2）mm×（90±2）mm。织物样品裁样时应在距布边 150mm 以上区域内均匀排布，各试样都不应在相同的经（纵）向和纬（横）向位置上，并避开影响试验结果的疵点和褶皱；对于制成品，试样应从主要功能面料上选取。需注意织物表面的任何不平整都会影响检测结果，必要时，试样可采用压烫法烫平。

调湿和试验用大气按 GB/T 6529—2008 规定的标准大气执行。除另有规定之外，所有试剂均应为分析纯，用水为符合 GB/T 6682—2008 的三级水。测试液为 9g/L 氯化钠溶液，溶液电导率在 25℃时为（16.0±0.2）mS。

二、检测实施

（1）用干净的镊子轻轻夹起待测试样的一角，将试样平整地置于仪器的两个传感器之间，通常将穿着中贴近身体的一面作为浸水面，面向测试液滴下的方向放置。

（2）启动仪器（图 6-23），在规定时间内向织物的浸水面滴入（0.22±0.01）g 测试液，并开始记录时间与含水量变化状况，从开始滴入测试液到测试结束，测试时间为 120s，数据采集频率不低于 10Hz。

（3）取出试样，用干净的吸水纸吸去传感器板上多余的残留液，静置至少 1min，再次测试前应确保无残留液。

图 6-23　纺织品液态水分传递性能测试仪

（4）重复以上测试步骤，完成所有试样的测试。

三、结果计算与评级

1. 结果计算

（1）吸水速率 A。按式（6-4）分别计算浸水面平均吸水速率 A_T 和渗水面平均吸水速率 A_B，数值修约至 0.1。

$$A = \frac{\sum\limits_{i=T}^{t_p}\left(\dfrac{U_i - U_{i-1}}{t_i - t_{i-1}}\right)}{(t_p - T) \times f} \tag{6-4}$$

式中：A——平均吸水率, %/s, 分为浸水面平均吸水速率 A_T 和渗透面平均吸水速率 A_B。若 $A < 0$，取 $A = 0$；

T——浸水面或渗透面浸湿时间，s；

t_p——进水时间，s；

U_i——浸水面或渗透面含水率变化曲线在时间 i 时的数值；

f——数据采样频率。

（2）液态水扩散速率 S。按式（6-5）计算液态水扩散速率 S，数值修约至 0.1。

$$S = \sum\limits_{i=1}^{N} \frac{r_i - r_{i-1}}{t_i - t_{i-1}} \tag{6-5}$$

式中：S——液态水扩散速率，mm/s，分为浸水面液态水扩散速率 S_T 和渗透面液态水扩散速率 S_B；

N——浸水面或渗透面最大浸湿测试环数；

r_i——测试环的半径，mm；

t_{i-1}、t_i——液态水从环 $i-1$ 到环 i 的时间，s。

（3）单向传递指数 O 。按式（6-6）计算单向传递指数 O，数值修约至0.1。

$$O = \frac{\int U_B - \int U_T}{t} \qquad (6-6)$$

式中：O——单向传递指数；

t——测试时间，s；

$\int U_B$——渗透面的吸水量；

$\int U_T$——浸水面的吸水量。

2. 评级

根据表6-4中的要求进行评级。

表 6-4 性能指标分级

性能指标	1级	2级	3级	4级	5级
浸湿时间 T（s）	>120.0	20.1~120.0	6.1~20.0	3.1~6.0	≤3.0
吸水速率 A（%/s）	0~10.0	10.1~30.0	30.1~50.0	50.1~100.0	>100.0
最大浸湿半径 R（mm）	0~7.0	7.1~12.0	12.1~17.0	17.1~22.0	>22.0
液态水扩散速度 S（mm/s）	0~1.0	1.1~2.0	2.1~3.0	3.1~4.0	>4.0
单向传递指数 O	<-50.0	-50.0~100.0	100.1~200.0	200.1~300.0	>300.0

注　浸水面和渗透面分别分级，分级要求相同；其中5级程度最好，1级最差。

四、评定和标识

可根据需要，按表6-5评定产品相应性能，产品洗涤前和洗涤后的相应性能均达到表6-5技术要求的，可在产品使用说明中明示为相应性能的产品。

表 6-5 性能评定技术要求

性能	项目	要求
吸湿速干性	浸湿时间[a]	≥3级
	吸水速率[a]	≥3级
	渗透面最大浸湿半径	≥3级
	渗透面液态水扩散速率	≥3级
吸湿排汗性	渗透面浸湿时间	≥3级
	渗透面吸水速率	≥3级
	单向传递指数	≥3级

注　[a]浸水面和渗透面均应达到。

按本标准测试并具有表 6-5 中相应功能的产品应在使用说明上标出：GB/T 21655.2—2019 和产品相应的性能，如吸湿速干性或吸湿排汗性。

 想一想：查阅相关资料，请简述有哪些途径可以提高纺织品的吸湿速干性。

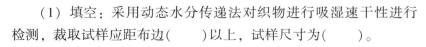 看一看：扫描二维码，观看纺织品吸湿速干性检测（动态水分传递法）操作视频。

纺织品吸湿速干性
检测（动态水分传递法）

练一练：

（1）填空：采用动态水分传递法对织物进行吸湿速干性进行检测，裁取试样应距布边(　　)以上，试样尺寸为(　　)。

（2）判断：采用动态水分传递法对织物进行吸湿速干性进行检测，需取 10 块试样，分别为洗前和洗后各 5 块。(　　)

（3）选择：采用动态水分传递法对织物进行吸湿速干性进行检测，下述说法错误的是(　　)。

A. 使用 9g/L 的氯化钠溶液作为测试液。

B. 对于试样，以穿着中贴近身体的一面为浸水面，面向测试液滴下的方向。

C. 对性能指标进行评级时，均为 5 级最好，1 级最差。

D. 用于洗后试验的试样只能按 GB/T 8629—2017 中 A 型洗衣机 4N 程序连续洗涤 5 次。

附录

附表1 各种纤维燃烧状态的描述

纤维种类	燃烧状态			燃烧时的气味	残留物特征
	靠近火焰时	接触火焰时	离开火焰时		
棉	不熔不缩	立即燃烧	迅速燃烧	纸燃味	呈细而软的灰黑絮状
麻	不熔不缩	立即燃烧	迅速燃烧	纸燃味	呈细而软的灰白絮状
蚕丝 动物毛绒	熔缩卷曲	卷曲、熔融、燃烧	略带闪光燃烧 有时自灭	烧毛发味	呈松而脆的黑色颗粒
黏胶纤维 铜氨纤维	不熔不缩	立即燃烧	迅速燃烧	纸燃味	呈少许灰白色灰烬
莱赛尔纤维 莫代尔纤维	不熔不缩	立即燃烧	迅速燃烧	纸燃味	呈细而软的灰黑絮状
醋酯纤维	熔缩	熔融燃烧	熔融燃烧	醋味	呈硬而脆不规则黑块
涤纶	熔缩	熔融燃烧冒黑烟	继续燃烧有时自灭	有甜味	呈硬而黑的圆珠状
腈纶	熔缩	熔融燃烧	继续燃烧冒黑烟	辛辣味	呈黑色不规则小珠，易碎
锦纶	熔缩	熔融燃烧	自灭	氨基味	呈硬淡棕色透明圆珠状
维纶	熔缩	收缩燃烧	继续燃烧冒黑烟	特有香味	呈不规则焦茶色硬块
氯纶	熔缩	熔融燃烧冒黑烟	自灭	刺鼻气味	呈深棕色硬块
氨纶	熔缩	熔融燃烧	开始燃烧后自灭	特异气味	呈白色胶状
乙纶 丙纶	熔缩	熔融燃烧	熔融燃烧液态下落	石蜡味	呈灰白色蜡片状
金属纤维	不熔不缩	在火焰中燃烧 并发光	自灭	无味	呈硬块状

附表2 各种纤维的横截面、纵面形态特征

纤维名称	横截面形态	纵面形态
棉	有中腔，呈不规则的腰圆形	扁平带状，稍有天然转曲
苎麻	腰圆形，有中腔	纤维较粗，有长形条纹及竹状横节
亚麻	多边形，有中腔	纤维较细，有竹状横节
桑蚕丝	三角形或多边形，角是圆的	有光泽，纤维直径及形态有差异
柞蚕丝	细长三角形	扁平带状，有微细条纹

纤维名称	横截面形态	纵面形态
羊毛	圆形或近似圆形（或椭圆形）	表面粗糙，有鳞片
黏胶纤维	锯齿形	表面光滑，有清晰条纹
莫代尔纤维	哑铃形	表面光滑，有沟槽
莱赛尔纤维	圆形或近似圆形	表面光滑，有光泽
铜氨纤维	圆形或近似圆形	表面光滑，有光泽
醋酯纤维	三叶形或不规则锯齿形	表面光滑，有沟槽
涤纶	圆形或近似圆形及各种异形截面	表面光滑，有的有小黑点
腈纶	圆形，哑铃形或叶形	表面光滑，有沟槽和（或）条纹
锦纶	圆形或近似圆形及各种异形截面	表面光滑，有小黑点
维纶	腰子形（或哑铃形）	扁平带状，有沟槽
氯纶	圆形、蚕茧形	表面光滑
氨纶	圆形或近似圆形	表面光滑，有些呈骨形条纹
乙纶、丙纶	圆形或近似圆形	表面光滑，有的带有疤痕
金属纤维	不规则的长方形或圆形	边线不直，黑色长杆状

附表3　各种纤维的横截面、纵面微观图

纤维名称	横截面	纵面
棉		
苎麻		

纤维名称	横截面	纵面
毛		
桑蚕丝		
柞蚕丝		
醋酯纤维		
腈纶		

纤维名称	横截面	纵面
锦纶		
涤纶		
黏胶纤维		
维纶		

附表 4　各纤维的化学溶解性能

纤维	95%~98%硫酸 24~30℃	95%~98%硫酸 煮沸	70%硫酸 24~30℃	70%硫酸 煮沸	36%~38%盐酸 24~30℃	36%~38%盐酸 煮沸	5%氢氧化钠 24~30℃	5%氢氧化钠 煮沸	65%~68%硝酸 24~30℃	65%~68%硝酸 煮沸	99%冰醋酸 24~30℃	99%冰醋酸 煮沸	N,N-二甲基甲酰胺 24~30℃	N,N-二甲基甲酰胺 煮沸	丙酮 24~30℃	丙酮 煮沸	苯酚 24~30℃	苯酚 煮沸
棉	S	S₀	S	S₀	I	P	I	I	I	S₀	I	I	I	I	I	I	I	I
麻	S	S₀	S	S₀	I	P	I	I	I	S₀	I	I	I	I	I	I	I	I
蚕丝	S	S₀	S₀	S₀	P	S	I	S₀	S	S₀	I	S₀	I	S/P	I	I	I	I
动物毛绒	I	S₀	I	S₀	I	P	I	S₀	△	S₀	I	I	I	I	I	I	I	I
黏胶纤维	S₀	S₀	S₀	S₀	S₀	S₀	I	I	I	S₀	I	I	I	I	I	I	I	I
莱赛尔纤维	S₀	S₀	S₀	S₀	S₀	S₀	I	I	I	S₀	I	I	I	I	I	I	I	I
莫代尔纤维	S₀	S₀	S₀	S₀	I	S₀	I	I	I	S₀	I	I	I	I	I	I	I	I
铜氨纤维	S₀	S₀	S₀	S₀	S₀	S₀	I	P	S	S	S	S₀	S	S₀	S₀	S₀	S	S₀
醋酯纤维	S₀	S₀	S₀	S₀	I	S₀	I	I	S₀	S₀	S	S₀	S₀	S/P	S₀	S₀	S₀	S₀
涤纶	S	S₀	S	P	I	I	I	I	S	S	I	I	S	S/P	I	I	S	S₀
腈纶	S	S₀	S	S₀	S₀	I	I	I	S	S₀	I	I	S/P	S₀	I	I	S₀	S₀
锦纶	S	S₀	S	S₀	I	S₀	I	I	S₀	S	I	S	I	S/P	I	I	S₀	I
氨纶	S	S₀	S	S	S₀	S₀	I	I	S₀	I	I	S	S₀	S₀	I	I	S₀	S₀
维纶	S	S₀	S	S₀	S₀	S₀	I	P	I	S₀	I	I	S₀	I	I	I	I	P_ss
氯纶	I	□	I	□	I	I	I	I	I	I	I	I	S₀	S₀	I	P	I	□
乙纶	I	□	I	□	I	I	I	I	I	I	I	I	I	I	I	I	I	□
丙纶	I	□	I	□	I	I	I	I	I	I	I	I	I	I	I	I	I	I
玻璃纤维	I	I	I	I	I	I	I	I	I	I	I	I	I	I	I	I	I	I

注 1. 符号说明：S₀—立即溶解；S—溶解；P—部分溶解；P_ss—微溶；□—块状；I—不溶解。

2. 鉴别石棉和玻璃纤维时，尽量用其他鉴别方法，必要时用氢氟酸溶解。

参考文献

[1] 中国法制出版社.中华人民共和国标准化法 [M].北京：中国法制出版社，2017.

[2] 国家质量监督检验检疫.GB/T 6529—2008 纺织品 调湿和试验用标准大气 [S].北京：中国标准出版社，2008.

[3] 国家质量监督检验检疫.GB/T 6682—2008 分析实验室用水规格和试验方法 [S].北京：中国标准出版社，2008.

[4] 胡颖梅，隋全侠.纺织测试数据处理 [M].北京：中国纺织出版社，2008.

[5] 国家标准化管理委员会.GB/T 8170—2008 数值修约规则与极限数值的表示和判定 [S].北京：中国标准出版社，2008.

[6] GB 5296.4—2012 消费品使用说明 第4部分：纺织品和服装 [S].北京：中国标准出版社，2012.

[7] 国家发展和改革委员会.FZ/T 01057.1—2007 纺织纤维鉴别试验方法 第1部分通用说明 [S].北京：中国标准出版社，2007.

[8] 国家发展和改革委员会.FZ/T 01057.2—2007 纺织纤维鉴别试验方法 第2部分燃烧法 [S].北京：中国标准出版社，2007.

[9] 国家发展和改革委员会.FZ/T 01057.3—2007 纺织纤维鉴别试验方法 第3部分显微镜法 [S].北京：中国标准出版社，2007.

[10] 国家发展和改革委员会.FZ/T 01057.4—2007 纺织纤维鉴别试验方法 第4部分溶解法 [S].北京：中国标准出版社，2007.

[11] 国家发展和改革委员会.FZ/T 01057.5—2007 纺织纤维鉴别试验方法 第5部分含氯含氮呈色反应法 [S].北京：中国标准出版社，2007.

[12] 国家发展和改革委员会.FZ/T 01057.6—2007 纺织纤维鉴别试验方法 第6部分熔点法 [S].北京：中国标准出版社，2007.

[13] 国家发展和改革委员会.FZ/T 01057.7—2007 纺织纤维鉴别试验方法 第7部分密度梯度法 [S].北京：中国标准出版社，2007.

[14] 中国纺织工业协会.GB/T 2910.1—2009 纺织品 定量化学分析 第1部分：试验通则 [S].北京：中国标准出版社，2009.

[15] 国家质量监督检验检疫.GB/T 2910.2—2009 纺织品 定量化学分析 第2部分：三组分纤维混合织物 [S].北京：中国标准出版社，2009.

[16] 国家质量监督检验检疫.GB/T 2910.6—2009 纺织品 定量化学分析 第6部分：粘胶纤维、某些铜氨纤维、莫代尔纤维或莱赛尔纤维与棉的混合物（甲酸/氯化锌法）[S].北京：中国标准出版社，2009.

[17] FZ/T 30003—2009 麻棉混纺产品定量分析方法 显微投影法 [S]. 北京：中国标准出版社，2010.

[18] 李竹君，杨友红. 纺织商品检验 [M]. 上海：东华大学出版社，2016.

[19] 徐蕴燕. 织物性能与检测 [M]. 北京：中国纺织出版社，2007.

[20] 姚穆. 纺织材料学 [M]. 4版. 北京：中国纺织出版社，2015.

[21] 于伟东. 纺织材料学 [M]. 2版. 北京：中国纺织出版社，2018.

[22] 杨慧彤，林丽霞. 纺织品检测实务 [M]. 上海：东华大学出版社，2016.

[23] 翁毅. 纺织品检测实务 [M]. 北京：中国纺织出版社，2012.

[24] 马顺斌，张炜栋，陆艳. 织物性能检测 [M]. 上海：东华大学出版社，2018.

[25] 耿琴玉，瞿才新. 纺织材料检测 [M]. 上海：东华大学出版社，2013.

[26] 国家质量监督检验检疫. GB/T 3923.2—2013 纺织品 织物拉伸性能 第2部分：断裂强力的测定（抓样法）[S]. 北京：中国标准出版社，2013.

[27] 国家质量监督检验检疫. GB/T 3917.2—2009 纺织品 织物撕破性能 第2部分：裤形试样（单缝）撕破强力的测定 [S]. 北京：中国标准出版社，2009.

[28] 国家质量监督检验检疫. GB/T 3917.3—2009 纺织品 织物撕破性能 第3部分：梯形试样撕破强力的测定 [S]. 北京：中国标准出版社，2009.

[29] 国家质量监督检验检疫. GB/T 3917.4—2009 纺织品 织物撕破性能 第4部分：舌形试样（双缝）撕破强力的测定 [S]. 北京：中国标准出版社，2009.

[30] 国家质量监督检验检疫. GB/T 21196.2—2007 纺织品 马丁代尔法织物耐磨性的测定 第2部分：试样破损的测定 [S]. 北京：中国标准出版社，2008.

[31] 国家质量监督检验检疫. GB/T 21196.3—2007 纺织品 马丁代尔法织物耐磨性的测定 第3部分：质量损失的测定 [S]. 北京：中国标准出版社，2008.

[32] 国家质量监督检验检疫. GB/T 21196.4—2007 纺织品 马丁代尔法织物耐磨性的测定 第4部分：外观变化的评定 [S]. 北京：中国标准出版社，2008.

[33] 国家质量监督检验检疫. GB/T 19976—2005 纺织品 顶破强力的测定钢球法 [S]. 北京：中国标准出版社，2005.

[34] 国家质量监督检验检疫. GB/T 7742.1—2005 纺织品 织物胀破性能 第1部分：胀破强力和胀破扩张度的测定液压法 [S]. 北京：中国标准出版社，2005.

[35] 国家质量监督检验检疫. GB/T 7742.2—2005 纺织品 织物胀破性能 第2部分：胀破强力和胀破扩张度的测定气压法 [S]. 北京：中国标准出版社，2005.

[36] 国家质量监督检验检疫. GB/T 13773.1—2008 纺织品 织物及其制品的接缝拉伸性能 第1部分：条样法接缝强力的测定 [S]. 北京：中国标准出版社，2008.

[37] 国家质量监督检验检疫. GB/T 13773.2—2008 纺织品 织物及其制品的接缝拉伸性能 第2部分：抓样法接缝强力的测定 [S]. 北京：中国标准出版社，2008.

[38] 国家质量监督检验检疫. GB/T 13772.1—2008 纺织品 机织物接缝处纱线抗滑移的测定 第1部分：定滑移量法 [S]. 北京：中国标准出版社，2008.

［39］国家质量监督检验检疫．GB/T 13772.2—2018 纺织品 机织物接缝处纱线抗滑移的测定 第2部分：定负荷法［S］．北京：中国标准出版社，2018．

［40］赵雪．机织物接缝强力测量的不确定度分析［J］．纺织学报，2015，36（10）：49-53．

［41］魏红，翟清．对机织物纱线抗滑移性测试方法的探讨［J］．现代丝绸科学与技术，2018，33（3）：19-20．

［42］国家质量监督检验检疫．GB/T 8629—2017 纺织品 试验用家庭洗涤和干燥程序［S］．北京：中国标准出版社，2018．

［43］国家质量监督检验检疫．GB/T 13769—2009 纺织品 评定织物经洗涤后外观平整度的试验方法［S］．北京：中国标准出版社，2009．

［44］国家质量监督检验检疫．GB/T 8628—2013 纺织品 测定尺寸变化的试验中织物试样和服装的准备、标记及测量［S］．北京：中国标准出版社，2014．

［45］国家质量监督检验检疫．GB/T 8630—2013 纺织品 洗涤和干燥后尺寸变化的测定［S］．北京：中国标准出版社，2014．

［46］国家质量监督检验检疫．GB/T 13770—2009 纺织品 评定织物经洗涤后褶裥外观的试验方法［S］．北京：中国标准出版社，2009．

［47］国家质量监督检验检疫．GB/T 13771—2009 纺织品 评定织物经洗涤后接缝外观平整度的试验方法［S］．北京：中国标准出版社，2009．

［48］国家质量监督检验检疫．GB/T 4802.2—2008 纺织品 织物起毛起球性能的测定 第2部分改型马丁代尔法［S］．北京：中国标准出版社，2008．

［49］国家质量监督检验检疫．GB/T 4802.3—2008 纺织品 织物起毛起球性能的测定 第3部分起球箱法［S］．北京：中国标准出版社，2008．

［50］国家质量监督检验检疫．GB/T 4802.4—2009 纺织品 织物起毛起球性能的测定 第4部分随机翻滚法［S］．北京：中国标准出版社，2009．

［51］国家质量监督检验检疫．GB/T 11047—2008 纺织品 织物勾丝性能评定 钉锤法［S］．北京：中国标准出版社，2008．

［52］国家技术监督局．GB/T 3819—1997 纺织品 织物折痕回复性的测定 回复角法［S］．北京：中国标准出版社，1997．

［53］国家质量监督检验检疫．GB/T 18318.1—2009 纺织品 弯曲性能的测定 第1部分斜面法［S］．北京：中国标准出版社，2009．

［54］国家质量监督检验检疫．GB/T 23329—2009 纺织品 织物悬垂性的测定［S］．北京：中国标准出版社，2009．

［55］工业和信息化部．FZ/T 20021—2012 织物经汽蒸后尺寸变化试验方法［S］．北京：中国标准出版社，2012．

［56］国家技术监督局．GB/T 17031.1—1997 纺织品 织物在低压下的干热效应 第1部分：织物的干热处理程序［S］．北京：中国标准出版社，1997．

［57］国家技术监督局．GB/T 17031.2—1997 纺织品 织物在低压下的干热效应 第2部分：受

干热的织物尺寸变化的测定 [S]. 北京：中国标准出版社，1997.

[58] 张宁，潘如如，高卫东. 采用图像处理的织物缝纫平整度自动评估 [J]. 纺织学报，2017，38（4）：145-150.

[59] 侯秀良，刘启国. 毛织物尺寸稳定性测定浅析 [J]. 上海纺织科技，2000，28（3）：62-64.

[60] 曾林泉. 纺织品热定型整理原理及实践（1）[J]. 染整技术，2011，33（12）：1-6.

[61] 国家质量监督检验检疫. GB/T 6151—2016 纺织品 色牢度试验 试验通则 [S]. 北京：中国标准出版社，2016.

[62] 国家质量监督检验检疫. GB/T 250—2008 纺织品 色牢度试验 评定变色用灰色样卡 [S]. 北京：中国标准出版社，2008.

[63] 国家质量监督检验检疫. GB/T 251—2008 纺织品 色牢度试验 评定沾色用灰色样卡 [S]. 北京：中国标准出版社，2008.

[64] 国家质量监督检验检疫. GB/T 730—2008 纺织品 色牢度试验 蓝色羊毛标样（1~7）级的品质控制 [S]. 北京：中国标准出版社，2008.

[65] 国家质量监督检验检疫. GB/T 7568.7—2008 纺织品 色牢度试验 标准贴衬织物 第7部分：多纤维 [S]. 北京：中国标准出版社，2008.

[66] 国家质量监督检验检疫. GB/T 29865—2013 纺织品 色牢度试验 耐摩擦色牢度 小面积法 [S]. 北京：中国标准出版社，2013.

[67] 国家技术监督局. GB/T 5718—1997 纺织品 色牢度试验 耐干热（除热压外）色牢度 [S]. 北京：中国标准出版社，1997.

[68] 国家技术监督局. GB/T 6152—1997 纺织品 色牢度试验 耐热压色牢度 [S]. 北京：中国标准出版社，1998.

[69] 国家技术监督局. GB/T 3921—2008 纺织品 色牢度试验 耐皂洗色牢度 [S]. 北京：中国标准出版社，2008.

[70] 国家质量监督检验检疫. GB/T 8427—2008 纺织品 色牢度试验 耐人造光色牢度：氙弧 [S]. 北京：中国标准出版社，2008.

[71] 张晓红，周婷，陈翔，等. 不同纺织品耐光照色牢度标准方法的应用 [J]. 印染，2014（10）：41-44.

[72] 国家质量监督检验检疫. GB/T 4744—2013 纺织品 防水性能的检测和评价 静水压法 [S]. 北京：中国标准出版社，2013.

[73] 国家质量监督检验检疫. GB/T 4745—2012 纺织品 防水性能的检测和评价 沾水法 [S]. 北京：中国标准出版社，2013.

[74] 国家质量监督检验检疫. GB/T 23321—2009 纺织品 防水性 水平喷射淋雨试验 [S]. 北京：中国标准出版社，2009.

[75] 国家质量监督检验检疫. GB/T 12704.1—2009 纺织品 织物透湿性能试验方法 第1部分：吸湿法 [S]. 北京：中国标准出版社，2009.

[76] 国家质量监督检验检疫. GB/T 12704.2—2009 纺织品 织物透湿性能试验方法 第 2 部分：蒸发法 [S]. 北京：中国标准出版社，2009.

[77] 国家技术监督局. GB/T 5453—1997 纺织品 织物透气性的测定 [S]. 北京：中国标准出版社，1997.

[78] 国家质量监督检验检疫. GB/T 11048—2018 纺织品 生理舒适性 稳态条件下热阻和湿阻的测定（蒸发热板法）[S]. 北京：中国标准出版社，2018.

[79] 潘红琴，吴文宜. 纺织品燃烧性能测试方法概述 [J]. 中国纤检，2015（22）：42-44.

[80] 崔荣钦. 服用纺织品燃烧性能标准及要求 [J]. 纺织检测与标准，2019（3）：42-44.

[81] 国家质量监督检验检疫. GB/T 5455—2014 纺织品 燃烧性能 垂直方向损毁长度、阴燃和续燃时间的测定 [S]. 北京：中国标准出版社，2014.

[82] 国家质量监督检验检疫. GB/T 5456—2009 纺织品 燃烧性能 垂直方向试样火焰蔓延性能的测定 [S]. 北京：中国标准出版社，2009.

[83] 国家质量监督检验检疫. GB/T 14644—2014 纺织品 燃烧性能 45°方向燃烧速率的测定 [S]. 北京：中国标准出版社，2014.

[84] 国家质量监督检验检疫. GB/T 14645—2014 纺织品 燃烧性能 45°方向损毁面积和接焰次数的测定 [S]. 北京：中国标准出版社，2014.

[85] 吴如妹，昂军. 纺织品抗静电性能评定方法探讨 [J]. 中国纤检，2019（7）：59-61.

[86] 易芳. 防静电纺织品，牢筑安全"红线" [J]. 中国纺织，2014（1）：104-105.

[87] 国家质量监督检验检疫. GB/T 12703.1—2008 纺织品 静电性能的评定 第 1 部分静电压半衰期 [S]. 北京：中国标准出版社，2008.

[88] 国家质量监督检验检疫. GB/T 12703.2—2009 纺织品 静电性能的评定 第 2 部分电荷面密度 [S]. 北京：中国标准出版社，2009.

[89] 洪杰. 抗紫外线纺织品的测试与标签标识 [J]. 上海纺织科技，2009，37（9）：40-41.

[90] 洪杰. 稀土在纺织品抗紫外线整理中的应用 [J]. 纺织导报，2012（4）：82-84.

[91] 国家质量监督检验检疫. GB/T 18830—2009 纺织品 防紫外线性能的评定 [S]. 北京：中国标准出版社，2009.

[92] 姚穆，王晓东. 论织物接触冷暖感 [J]. 西北纺织工学院学报，2001，15（2）：37-41.

[93] 楚鑫鑫，肖红，程剑，等. 织物凉感测试的影响因素分析 [J]. 棉纺织技术，2018，46（9）：76-80.

[94] 李丽，肖红，程博闻. 织物接触冷暖感的影响因素及研究现状 [J]. 棉纺织技术，2016，44（1）：80-84.

[95] 国家质量监督检验检疫. GB/T 35263—2017 纺织品 接触瞬间凉感性能的检测与评价 [S]. 北京：中国标准出版社，2017.

[96] 吴波伟，黄顺伟. 远红外纺织品的制备与应用 [J]. 产业用纺织品，2018，36（1）：

35-39.

[97] 戈强胜，谭伟新，王向钦，等 . 远红外纺织品评价指标研究 [J]. 中国纤检，2018 (6)：132-134.

[98] 张显华，苏桂礼，邹清云，等 . 远红外保健床上用品面料的设计与生产 [J]. 纺织导报，2018 (8)：42-44.

[99] GB/T 30127—2013 纺织品 远红外性能的检测和评价 [S]. 北京：中国标准出版社，2014.

[100] 金美菊，邝湘宁 . 纺织品吸湿速干性能及其测试方法 [J]. 印染，2013, 39 (16)：41-43.

[101] 蒋红，石雪 . 几种纺织品吸湿速干性能测试方法的比较分析 [J]. 中国纤检，2017 (3)：107-110.

[102] 陆雅芳，周晨，党敏 . 纺织品吸湿速干性能测试技术及标准分析 [J]. 纺织导报，2017 (9)：33-37.

[103] 国家市场监督管理总局 . GB/T 21655.2—2019 纺织品 吸湿速干性的评定 第 2 部分：动态水分传递法 [S]. 北京：中国标准出版社，2019.